신라의
신비로운 건축술의 감동과 함께
이제까지 지구상에 지어진 건축물 중에서
가장 과학적이었던
우리 선조들의
건축술을 분석해 본다

# 첨성대에 오신 걸 환영합니다

머리글

주변분위기는 고요한데 동네는 조금은 시끌벅적 거리죠. 첨성대·반월성·월정교·황남대릉원·금관총 등이 밀집되어 있으며, 또한 황리단길도 있어서 눈요기와 배요기 등의 재미를 느낄 수 있는 곳이랍니다. 낯선 분들과도 서로 어울려 같이 걷는 멋도 있답니다. 아이들은 첨성대 근처에서 연을 날리는 맛도 있답니다. 사람사는 맛이 나는 멋진 곳이랍니다. 저는 이 동네(황남동)에서 자라서 아주 친숙한 곳이랍니다.

이 첨성대 이야기는 이렇게 해서 시작이 되었답니다. 제가 2001년 추석 때 우연히 옥룡암(현재 이름은 불무사: 어려서부터 친숙한 이름인 옥룡암으로 계속 부르겠습니다)에 들러서 옥룡암바위(경주남산탑골 마애조상군)에 새겨진 9&7층 조각탑을 보고는 신기하기도 하고 마음이 끌려서 이 9&7층탑을 엄청난 시간을 투자하여 풀어 보았답니다(9층탑은 일반적으로 황룡사 9층목탑이 아닐까 하시는 분들이 아직도 많이 있답니다). 탑을 풀어가다 보니 제가 제일 정감이 가는 첨성대는 과연 어떤 모습이었을까 하는 궁금증이 일어나기 시작하더랍니다. 궁금하면 풀어보면 되겠죠. 풀면서 누가 제일 많이 놀랐을까요? 아마 제가 제일 많이 놀랐었겠죠. 저는 단순한 석구조물로만 생각을 했었는데(누구든지 그렇게 느끼실 겁니다), 풀어보니 엉뚱하게도 목구조물이더랍니다. 너무 웃기죠, 맞습니다. 첨성대는 일반목구조물이더랍니다. 더한 것은 일반목탑(관공서 건물)으로 층수는 놀랍게도 -1층 일반목탑(?)이더랍니다.

믿어지십니까?

저희들은 옛구조물(주로 국가유산류이겠죠: 요즈음은 문화재를 국가유산으로 부른답니다)은 현재 있는 상태가 일반적으로 원형(원래 모습)이라고들 생각하고 또한 그렇게 믿습니다. 예! 정확하게 맞는 말씀입니다. 그 구조물이 원형일 때만 그렇겠죠. 그런데, 우리 첨성대는 수 많은 우여곡절을 겪으면서 현재의 상태로 남아 있답니다. 어찌 되었든 현상태로라도 잘 보존해야 된답니다. 어떤 변화과정을 거치면서 현재까지 왔는지는 모르지만 그래도 첨성대는 살아 남아 있답니다. 정말 대단한 첨성대랍니다.

현재 상태의 첨성대라도 없으면 첨성대는 사람들의 기억속에서 벌써 사라졌을 것이며, 또한 원형추정 자체도 할 수 없을 겁니다. 그렇다면 흔적이라도 있으니 저희들은 원래 모습의 첨성대를 알아내어야겠지요. 현 첨성대 만으로는 원형을 추정하기가 힘이 들지만, 현재까지 알아낸 탑의 기본원리와 쪽샘 토기행렬도 속의 첨성대 모습을 보고 원형을 알아낼 겁니다. 같이 과거를 꿰뚫어 볼 수 있는 거울을 한번 들여다 봅시다. 그래야 이 돌삐만 남아 있는 첨성대의 정체를 알아낼 수가 있을겁니다. 같이 생각하며 같이 풀어봅시다.
저 혼자 풀다 보면 엉뚱한 길로 빠질 수도 있답니다. 그럴 때 '야! 임마 그게 아니야?' 라고 얘기해 주시는 분이 있을 겁니다. 저도 동행이 있으면 마음이 푸근하니 더 잘 풀 수가 있을 겁니다. 여러분들도 저와 동행하시면 첨성대가 술술 잘 풀릴 겁니다.

동행자인 제가 미리 살짝 풀어봤거들랑요 ~ㅎㅎ~

여행중에 이 책을 중간중간 보시면서 유익하고 추억이 되는 여행되시기를!.

2025년 3월

정상현 씀

# Contents

# Contents

## IV. 첨성대 접근방법



## V. 첨성대의 부위별 개념

# Contents

# I. 탑의 개념

첨성대는 모든 이들에게 친숙하게 느껴지는 곳이랍니다. 대부분의 사람들이 한 두번 쯤은 수학여행 등을 통하여 다들 보고 가셨을 겁니다. 저는 황남동에서 어릴 적부터 자라면서 하도 많이 봐와서 가장 정감이 가는 건축물이랍니다. 아마, 쪽샘(첨성대 북쪽마을) 쪽에 사시는 분들 이외에는 어쩌면 제일 많이 본 사람중에 한명일 겁니다.

그럼, 이 돌삐만 남아 있는 이상하게(?) 생긴 돌구조물의 정체를 알아내야겠지요. 먼저 신라탑의 개념부터 알아야 할 겁니다.

## 1. 신라탑 분류

저희들은 첨성대를 일반적으로 천문관측소라고들 알고 있답니다. 아닌가요? 맞아야 될낀데!
어찌하여 돌삐로만 쌓은 석축이 관측소 일까요? 그냥 전해 내려오는 이바구일까요 아님 어떤 한 친구가 관측하는 곳이었을 것 같아서 관측소라고 했을까요, 아니면 정말 관측소였을까요. 전해오고 기록된 대로 관측소라고 가정합시다.

그럼, 이 첨성대가 관측소라는 걸 증명만 하면 자동으로 이 첨성대는 관측소가 맞을 겁니다. 수학적으로(과학적인가?) 증명해야 누구든지 수긍이 갈겁니다. 단순히 말만으로는 부족하겠죠. 어떻게 증명이 가능할까요? 아주 간단하답니다. 신라탑들을 분석해보면 자동으로 첨성대가 관측소라는 것이 입증된답니다. 이 글을 읽으시는 분이 직접 풀어보고 인지하는 것과 어떤 누구의 얘기를 듣고 아는 것은 천양지차일 겁니다. 호기심이 발동되지 않으세요?

우리가 탑이라고 하면 제일먼저 석탑이 떠오르실 겁니다. 근데, 신라시대에는 저희들이 잘 몰랐던 목탑들이 있었답니다. 그것도 초대형 목조건물이랍니다. 물론 석탑은 목탑의 기본원칙(원리)을 따를 겁니다. 먼저 신라탑부터 분류해 볼까요? 그래야만이 첨성대가 왜 관측소인지를 알아낼 수 있을 겁니다.

## 신라탑(新羅塔) 분류표

| | 대분류 | 소분류 | 탑명 | 용도 | 현상태 | 탑규모(탑폭 X 탑높이) - 단위 : m | 비 고 |
|---|---|---|---|---|---|---|---|
| 목탑 | 1. 일반목탑 | | 9층 목탑 | 관공서 | 옥룡암바위에 조각상태 | 108 ×108 | |
| | | | 7층 목탑 | 관공서 | | 97.2 × 86.4 | |
| | | | 5층 목탑 | 관공서 | - | 86.4 × 64.8 | |
| | | | 3층 목탑 | 관공서 | 2 마애조상군에 조각상태 | 75.6 × 43.2 | |
| | | | 1층 목탑 | 관공서 | | 64.8 × 21.6 | |
| | | | 첨성대 | 관공서 | 현존 | 18.9 × 13.5 | -1층목탑 |
| | | | 석굴암 | 종교 | 현존 | 43.2 × 16.2 | 1층목탑 |
| | 2. 사찰목탑 | | 황룡사 9층 목탑 | 종교 | - | 48.6 × 67.5 | 기록 |
| 석탑 | 1. 일반석탑 | 목탑형 소형석탑 | 다보탑 | 종교 | 현존 | 7.56 × 10.8 | 1층석탑 |
| | | 일반석탑 (석탑형 석탑) | 석가탑 | 종교 | 현존 | 4.32 × 10.8 | 3층석탑 |
| | | | 고선사탑 | 종교 | 현존 | 6.48 × 13.5 | 3층석탑 |
| | | | 감은사탑 | 종교 | 현존 | 6.48 × 13.5 | 3층석탑 |
| | | | 미탄사탑 | 종교 | 현존 | 3.78 × 10.8 | 3층석탑 |
| | | | 나원리 5층석탑 | 종교 | 현존 | 5.4 × 13.5 | |
| | 2. 석판탑 | 목탑형 대형석판탑 | 분황사 7층탑 | 종교 | 3층존재 | 27 × 29.7 | 돌판탑 |
| | | 일반석판탑 | 봉감 5층탑 | 종교 | 현존 | 6.48 × 16.2 | |
| | 3. 전탑 | 일반전탑 | 신세동 7층탑 | 종교 | 현존 | 16.2 × 18.9 | |
| | 4. 석판+전탑 (혼합형) | | | | | | 존재함 |

[표 1] 신라탑 분류표

어! 이상하네? 첨성대가 일반목탑으로 -1층탑이네?

잘 보시면 2개층씩 차이가 나실겁니다. 1층탑-2개층 = -1층탑(1-2 = -1)이 나오네요.

-1층탑이 수학적(?)으로 맞네요.

## 2. 신라일반목탑의 개념

신라목탑을 보시면 크게 일반목탑(관공서)과 사찰목탑(황룡사9층목탑 등)이 있답니다.
제일 쉽게 건물형태로 구분하는 방법은 사찰목탑은 관측소가 없으며, 지하층(?)이 6단(계단 단수로 6단) 높이이며 또한 외부 석축이 없답니다(신라석탑은 기본적으로 지하층이 온지하(완전한 1개층)로 제법 높답니다).

이 정도만 아셔도 목탑을 꿰뚫어 보고 계시다는 거랍니다. 첨성대가 일반목탑 소속이니까 일반목탑의 기본구조를 알아야겠죠. 한번 보실까요?

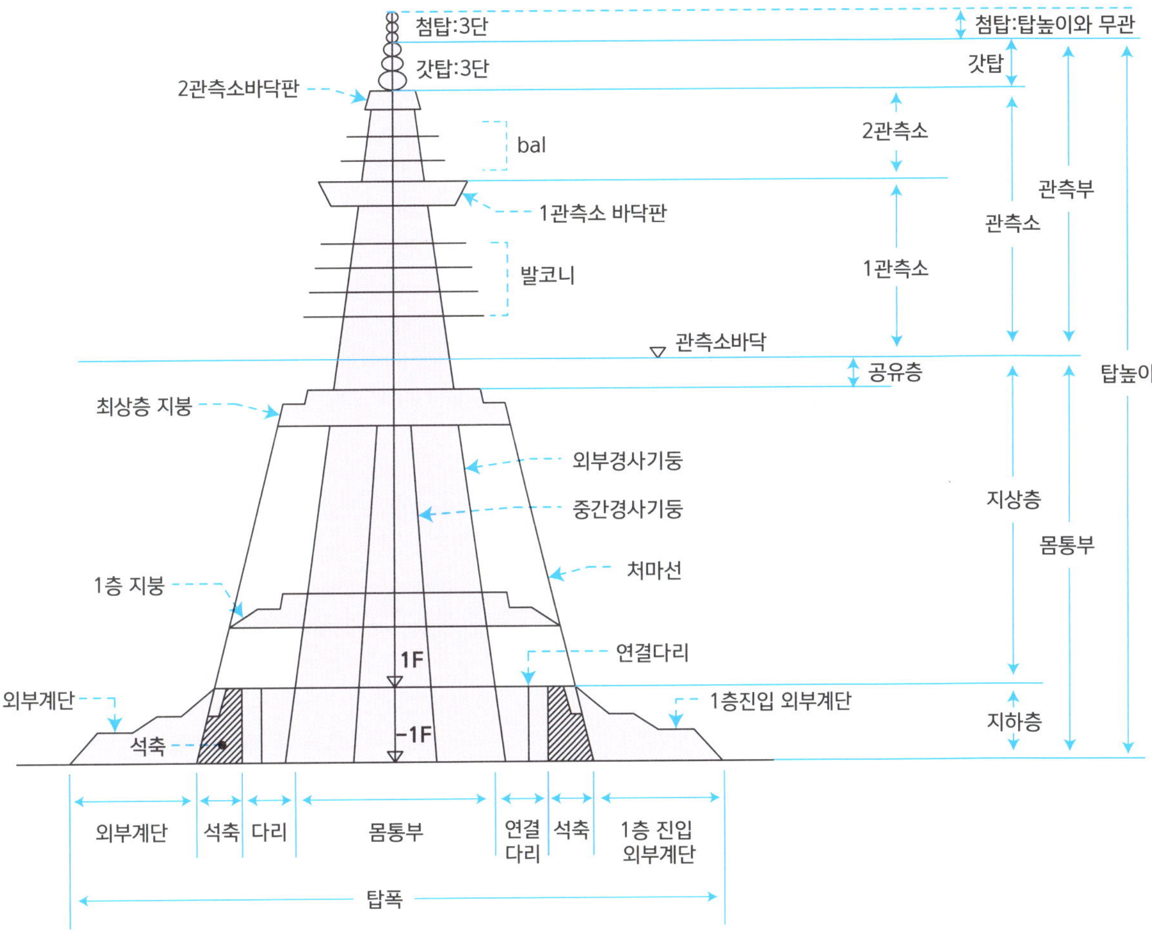


[그림 1] 신라 일반목탑 구조 개념도

<table>
<tr><td rowspan="10">신라일반목탑</td><td rowspan="4">관측부</td><td>첨탑</td><td>금속류 - 탑 높이에서 제외</td></tr>
<tr><td>갓탑</td><td>3단</td></tr>
<tr><td>2관측소</td><td>9층탑에만 있음</td></tr>
<tr><td>1관측소</td><td>1~9층탑에 다 있음</td></tr>
<tr><td rowspan="6">몸통부</td><td rowspan="2">지상층</td><td>공유층 : 소속은 몸통부 소속이나 사용은 관측소가 함</td></tr>
<tr><td>지상층 : 사용공간</td></tr>
<tr><td rowspan="4">지하층</td><td>몸통부(지하층내부) : 사용공간</td></tr>
<tr><td>연결다리 : 1층과 외부계단 연결</td></tr>
<tr><td>석축(성:城) : 지하 외벽개념과 지붕개념임</td></tr>
<tr><td>외부계단 : 1층 진입계단</td></tr>
</table>

[표 2] 신라 일반목탑의 구조 • Notes { 일반목탑의 재료는 나무, 돌, 금속으로 구성되어 있네요.

아마 이 일반목탑(관공서)이라는 말도 처음 들어 보시겠지만 구조개념도 처음 접하실 겁니다. 신기하죠! 잘 보시면 지하층 외부가 석축(城; castle)으로 목구조물을 감싸고 있네요.

아마도 관공서라서 자체 방어 개념(?)으로 석축을 쌓지 않았나 하는 생각이 든답니다. 물론, 1층으로 올라가려면 외부계단으로 올라가야 하므로 관공서의 위엄도 살린 것도 같네요(지상에서 지하층으로 막바로 들어가도 됨). 이 일반목탑의 꽃은 바로 관측소에 있답니다.

1관측소와 2관측소가 있네! 엄밀히 말하자면 1단 관측소와 2단 관측소가 맞는 말이지만 부르기 편하게 1관측소와 2관측소라고 부르겠습니다. 이 두개의 관측소 중 2관측소는 묘하게도 9층탑에만 있답니다(참고로, 일반목탑과 사찰목탑을 구분하기 위해서 일반목탑을 그냥 '탑'이라고 부르겠으며, 사찰목탑을 '목탑'이라고 부르겠습니다. 즉 9층탑이라고 하면 9층 일반목탑을 의미하며, 9층 목탑이라고 부르면 친숙한 황룡사 9층 사찰목탑이 된답니다).

그럼, 관측소를 분류해 봅시다.

관측소 { 외관측소군(1단 관측소 : 1관측소) : 1·3·5·7층탑
쌍관측소(2단 관측소 : 1&2관측소) : 9층탑 } 이렇게 분류된답니다.

쉽게 얘기하면 7층탑은 1관측소만 있겠죠, 9층탑은 1·2관측소가 다 있답니다. 여기에서 재미있는 것은 2관측소랍니다. 2관측소가 9층탑에만 있는 것이 아니라 묘하게도 첨성대도 2관측소이며, 놀랍게도 석탑인 다보1층석탑(다보탑)의 1층 상부에도 2관측소가 있답니다. 너무 놀랐죠. 안 놀랬나? 안 놀라셨다면 강심장을 갖고 계신 분인가 보네요(이 관측소는 층수에 포함되지 않는답니다).

흩어져 있는 2관측소를 묶어 봅시다.

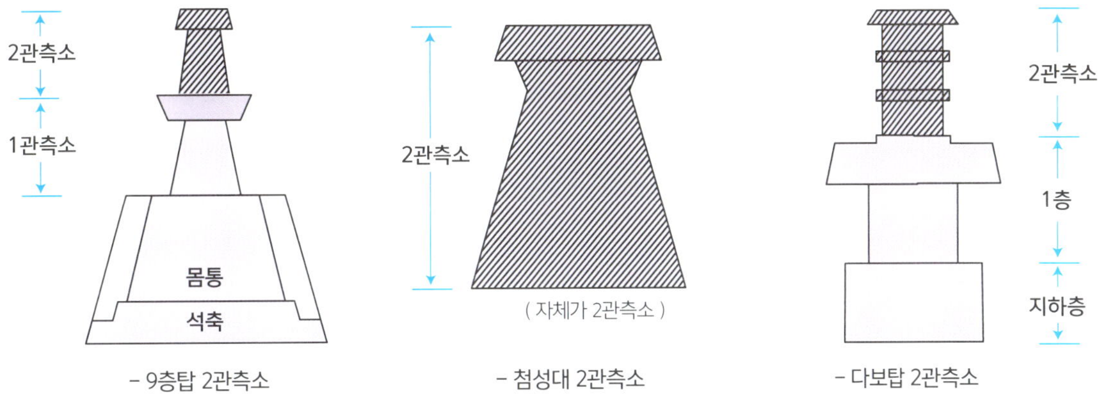


[그림 2] 신라탑의 2관측소군

모아놓으니 한눈에 쏙 들어오시죠. 첨성대만 통째로 2관측소네요(지상화되면서 두개의 발코니는 사라졌답니다). 이제까지 신라일반목탑의 개념을 조금은 이해하셨으리라 믿습니다.

직접 아시는 것이 중요하겠죠, 들은 이바구보다는 기억이 쪼께 더 오래 가실 겁니다~

## Ⅱ. 일반목탑의 기본원리

탑(일반목탑을 간단히 탑이라고 부르겠습니다)의 기본형태를 아셨으니 탑을 이해하기 위해서는 기본원리들을 간단하게나마 아셔야 일반목탑인 첨성대도 이해하기가 쉬울 겁니다.

### 1. 경사각(마법의 자)과 공통수

(1) 경사각(마법의 자: 기울기)

신라탑의 구조 개념도를 유심히 보시면 몸통부에 경사선이 두개가 있을겁니다.

몸통부를 간단히 다시 보시죠. 보시면, 처마선과 외부경사기둥선이 있을 겁니다(중간경사기둥선은 건물형태가 8각형이므로 실제로는 외부경사기둥선이랍니다. 내부기둥들은 수직기둥임).

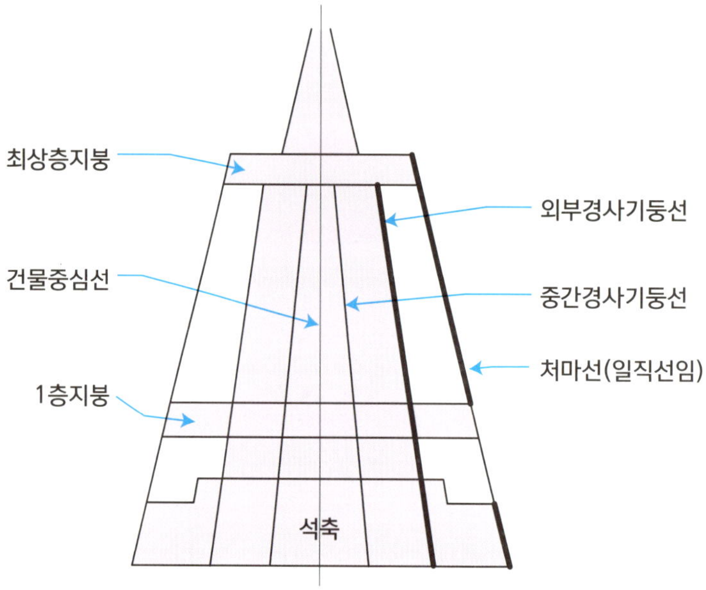


[그림 3] 일반목탑 몸통부에 두 개의 경사선

희한한 것은 이 두 경사선이 어떤 각도를 갖고 있답니다. 각도는 크게 두가지 정도로 생각해 볼 수 있을겁니다. 하나는 우리에게 친숙한 어떤 각도를 가진 각도각이며, 다른 하나는 저희들에게는 낯선 어떤 숫자를 가진 숫자각이랍니다. 그런데, 각도각은 그리기도 힘들지마는 각도 자체를 인지하는 것도 쉽지 않을 겁니다(30˚, 45˚, 60˚ 정도는 그리기도 하고 계산 가능할겁니다. 42˚ 각도를 그리실 수 있으신 분 계시나요?).

그런데, 묘하게도 신라탑의 경사선은 숫자각으로 구성이 되어 있답니다. 즉, 밑변(윗변도 됨)이 1이고 수직변이 어떤 정수를 갖고 있답니다(밑변칫수로 수직변을 나누면 수직변이 정수가 나온다는 비례개념임, 예를 들면 밑변이 3이고 수직변이 12이면 3:12가 되겠죠. 수직변 12를 밑변 3으로 나누면 수직변이 4가 될겁니다. 즉, 밑변:수직변=1:4가 된다는 의미랍니다).

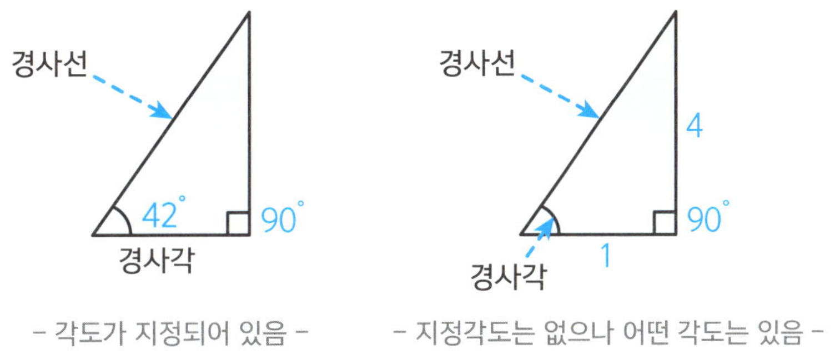


[그림 4] 각도각(左), 숫자각(右)

그래서 이 수직변 숫자를 가지고 모든 칫수계산이 가능해 진답니다.

신라탑은 기본적으로 어떤 경사각(기울기)이 존재하므로 계산으로 어떤 필요 칫수를 알아낼 수가 있답니다. 너무 너무 신기하답니다.

이 숫자각(경사각)이 하도 신기하여 제가 '너는 마법의 자야' 라고 명명했답니다.

탑을 푸는데 엄청 많은 기여를 하긴 했지마는 묘하게도 계단의 단높이는 못 풀어 주더랍니다. 약간은 모자라는 놈이네요~ㅋㅋ~ 그래서 등장한 놈이 공통수라는 이쁜 놈이랍니다.

(2) 공통수

건축물이 있으면 계단이 있어야(1층에 들어가든 더 윗층으로 가든) 올라갈 수가 있을 겁니다. 사다리를 타고 가거나 날아서 가면 품위가 쪼게 떨어지겠죠. 계단에는 디딤판폭(수평폭)도 있겠지만 계단단높이(챌판 높이: 수직폭)도 있을 겁니다.

단높이를 임의로 지정해서 건물을 지을 수도 있겠지만 신라탑은 묘하게도 아주 간단한 산수로 그 탑의 단높이를 알아낼 수가 있답니다. 촌스럽지 않고 약간 고급스럽죠! 참 신기한 건축물도 다 있답니다. 제가 수많은 헤매임 끝에 단높이 계산법을 알아 내었답니다. 정가(누굴까요? ~ㅋㅋ~)도 보통내기가 아니죠!

바로 앞쪽에서 탑에는 두 개의 경사선(외부경사기둥선과 처마선)이 있다고 말씀드렸을 겁니다. 이 두개의 경사선각도를 이용하여 계단 단높이를 알아낼겁니다(이 공통수 이론개념은 두 경사각을 다 충족시키는 필요충분수라고 생각하시면 된답니다).

알아볼까요?

{ 기본수 = 외부경사기둥각 × 처마선각
  공통수 = 기본수 × 3 } 으로 공통수라는 숫자가 나올겁니다.

(3: 공통수를 3의 배수가 되도록 하기 위해)

이 공통수를 나눔수(나누는 수)로 나누면 계단 단높이가 톡 튀어 나올겁니다. 말로 하면 더 헷갈리시니 실제로 숫자를 대입해 봅시다. 9층탑 몸통부의 단높이를 구해 봅시다.

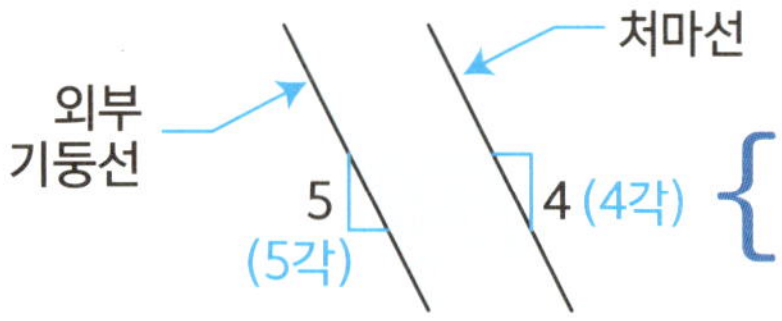


기본수 B = ⊿5×⊿4 = 20 (⊿는 경사각을 의미하므로 계산시는 무시)
공통수 C = B × 3 = 20 × 3 = 60 이라는 공통수가 나온답니다.

[그림 5] 9층탑 몸통부의 두 경사각

이 공통수를 4라는 나눔수로 나누어 보면,

60(공통수) ÷ 4(나눔수) = 15 **가 나올겁니다.**

이 공통수에는 단위가 없으므로 cm라는 단위를 부여하겠습니다. 그러면 단높이 = 15cm가 될 겁니다. 나눔수가 1,2,3,4,5,6... 등이 있을 수 있으나 4가 제일 적당하답니다.

나눔수가 2라고 가정해 보면 단높이가 60(공통수)÷2(나눔수)=30으로, 단높이 30cm는 높아서 올라가기가 쪼게 힘이 든다고 봐야겠죠. 이 공통수의 발견으로 신라탑의 해독이 가능해졌답니다. 이 공통수를 발견하지 못했더라면 지금도 탑을 풀려고 쪼그리고 앉아서 용을 쓰고 있겠죠. 아마 포기했을 겁니다. 그랬다면 이 일반목탑은 영원히 잊혀져 버렸겠죠. 참 운도 좋은 일반목탑이랍니다 ~ㅎㅎ~

이 공통수는 계단단높이를 알아낼 수도 있지만 탑전체를 지배하는 지배숫자랍니다. 관측소는 자체적으로 별도의 경사각을 갖고 있으므로 몸통부와는 다른 공통수가 나올겁니다. 이 마법의 자(경사각)와 공통수를 모르고 신라탑을 풀려고 하시다가는 자자손손 푸셔도 영원히 풀수가 없으실겁니다.

## 2. 우수선(雨水線)

### (1) 일반우수선

우수선이라! 처음 들어보실 겁니다. 제가 만든 말이거들랑요. 아주 쉽게 얘기드리면 비오는 각도(비의 경사각)랍니다. 얌전히 내리는 비는 거의 수직으로 내리겠죠. 한 성깔있는 빗놈은 지 멋대로 올 겁니다. 이 우수선은 바로 지붕처마끝(지붕길이)을 결정짓는 각도랍니다.

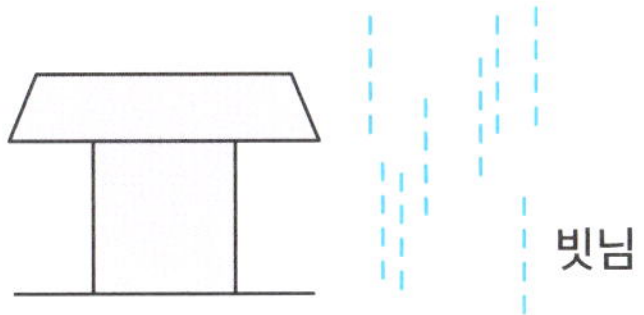


[그림 6] 얌전히 내리는 빗님

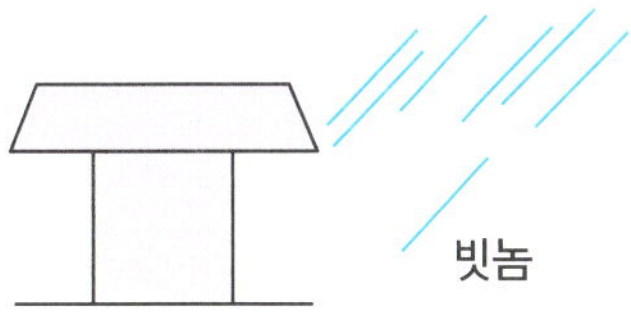


[그림 7] 성질 지랄같은 빗놈(?)

비가 어떻게 뿌릴지 모른다고 처마를 길게 빼면 처마가 내려앉을 수도 있으며, 너무 짧게 내면 외부벽체 하부가 비에 젖을 수도 있답니다. 이럴 땐 적당한 비의 각도를 생각해 봐야겠죠. 그래서 신라인들이 가장 적당하다고 생각되는 우수선이라는 걸 알아내고 실제로 적용을 했답니다.

크게 1우수선과 2우수선을 적용했답니다.

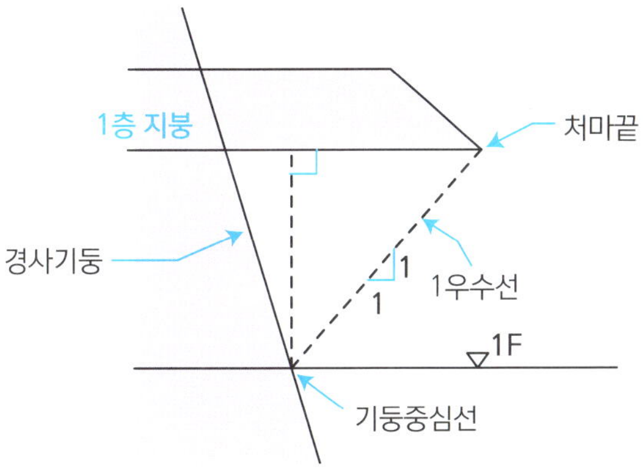


[그림 8] 일반목탑 1층지붕: 1우수선개념

일반목탑의 1층지붕우수선은 1/1 윗변길이가 1이고 수직변길이가 1인 1경사각(높이=폭)을 적용했답니다. 이 1경사각을 1우수선이라 부르겠습니다. 사실 1우수선은 완벽하여 외부벽체까지 비가 들어올 확률은 별로 없을겁니다(45˚로 오는 비는 별로 없겠죠. 태풍이 몰아치지 않는한!).

그리고 관측소의 발코니 같은 경우는 2우수선을 적용했답니다.

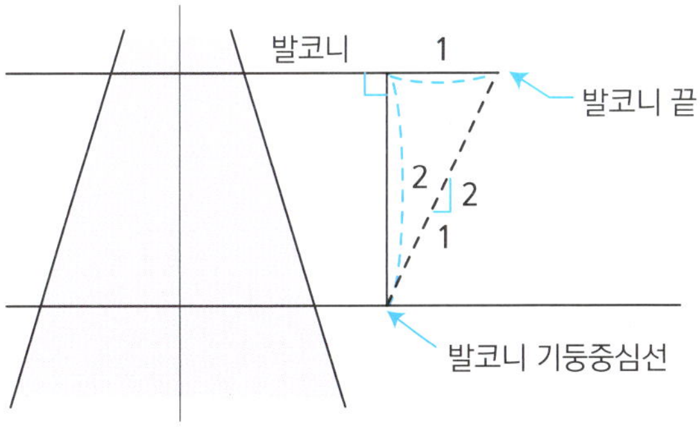


[그림 9] 관측소발코니의 2우수선개념

윗변길이가 1이고 수직변길이가 2인 2경사각으로 2우수선이라고 부른답니다(예를 들면, 윗변이 1.2m이고 발코니 높이가 2.4m라면 1.2:2.4 = 1:2가 되겠죠!). 탑의 제일 위 꼭다리 쪽으로 가면 3·4우수선도 있답니다(3·4우수선은 비에 무방비 상태랍니다).

일반적인 우수선구간은 1우수선에서 2우수선 사이가 이상적인 우수선이랍니다. 1우수선보다 적으면 지붕자체 하중으로 처마가 쳐질 수도 있으며, 2우수선보다 크면 벽체나 기둥 하부가 비에 젖겠죠.

$$\text{즉, 우수선} = \frac{\text{수직변길이}}{\text{윗변길이}} = \text{1~2사이(1~2우수선)가 제일 양호하답니다.}$$

여기서, 가장 중요한 것은 일반목탑의 1층지붕우수선인데 모든 탑(1~9층탑)이 1우수선이랍니다. 이 1우수선법칙을 적용하면 1층의 높이나 폭 등을 구하기가 수월하답니다. 일반적인 우수선개념은 처마끝(지붕끝)에서 외부기둥 중심선까지가 기준이랍니다. 예외도 있겠죠.

(2) 2관측소 우수선(건물중심선 2우수선)

이 관측소바닥판은 관측할 수 있게 평평한 판이지만 엄밀히 아니 정확히 얘기드리면 관측소의 지붕판(수평지붕판)이랍니다. 특히 이 2관측소지붕판의 2우수선 개념이 아주 특이하여 별도로 말씀드리겠습니다. 이 법칙을 이해하시면 첨성대가 2관측소라는 걸 금방 인지하실겁니다.

앞에서도 잠깐 말씀드렸습니다만 다시 일반적인 우수선을 보실까요.

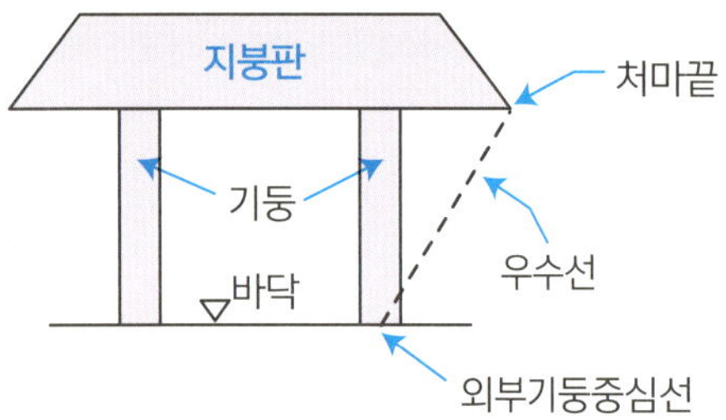


[그림 10] 일반적인 우수선 개념

보시듯이 처마끝과 외부기둥(가장 바깥쪽 기둥) 중심선을 이으면 우수선이 된답니다.
그런데, 2관측소의 우수선 개념은 약간 다르답니다.
한번 보실까요.

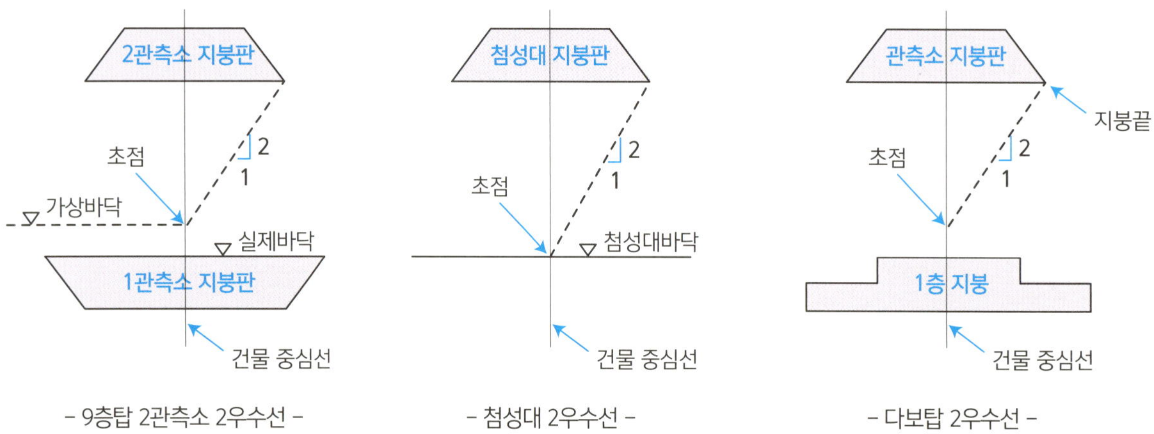


[그림 11] 2관측소군 : 2우수선 개념 – 초점이 건물 중심선에 옴

이 세개의 2관측소를 보시면 관측소지붕판 끝에서 건물중심선까지가 2우수선이랍니다. 아주 재미있는 우수선 개념이랍니다. 더 재미있는 것은 첨성대만이 묘하게도 2우수선초점이 첨성대바닥 중심에 오네요. 가장 완벽한 중심선 2우수선이랍니다. 9층탑 2관측소와 다보탑의 2관측소는 중심선 초점이 어떤 원인(계단높이 등)으로 약간 위에 있네요.

이 2우수선 건물중심선공법으로 유추해보면 첨성대는 완벽한 2관측소가 맞답니다. 물론 다른 증거들도 있을 겁니다.

참고로 이 우수선이 단순히 지붕 각도(지붕길이 산정)일 거라고 생각하기들 쉬우나, 이 우수선은 신라탑에서 엄청 중요한 역할을 수행한답니다. 지붕이나 처마선각도를 푸실 때(접근하실 때) 제일 먼저 이 우수선을 고려해야 한답니다. 1층 지붕이 1우수선일까? 2우수선일까? 아님 3, 4우수선일까? 등이겠죠. 이 우수선은 1층지붕우수선이 기본이랍니다. 이 우수선이 와따리가따리 하면(?) 이 탑은 영원히 못 풀 수도 있습니다. 앞서 말씀드린 공통수와 이 우수선 개념을 알아야만 신라탑을 푸실 수가 있는 엄청 중요한 개념이랍니다.

## 3. 날개 기둥(Wing Column)

와 이리 지겹노! 첨성대는 코빼기도 안 비주노~
맞습니다. 아직 첨성대를 보시기에는 이르겠죠~ 첨성대가 일반목탑이라고 했잖아요. 일반목탑의 기본법칙을 조금 더 아셔야 첨성대를 이해하기가 더 쉬우며 또한 스스로 첨성대를 풀 수도 설계까지도 할 수 있답니다. 제가 조금 비약했나요? 이 기본원리들을 모르시고 보시면 아무리 이것이 첨성대의 실체라고 말씀드려 봤자 말짱 도루묵이 된답니다. 쉽게 말씀드리면 첨성대를 보나 마납니다.

뭐가 뭔지를 모르니까? 우리 모두 눈뜬 봉사는 되지 마입시데이~ 여행은 여유의 미학이니 쉬어가며 천천히 갑시다.

이 날개 기둥이라는 놈이 도통 무엇이지? 이때는 건축상식 아니 일반상식을 동원해야겠죠. 어떤 관측소지붕판이 있다고 봅시다.

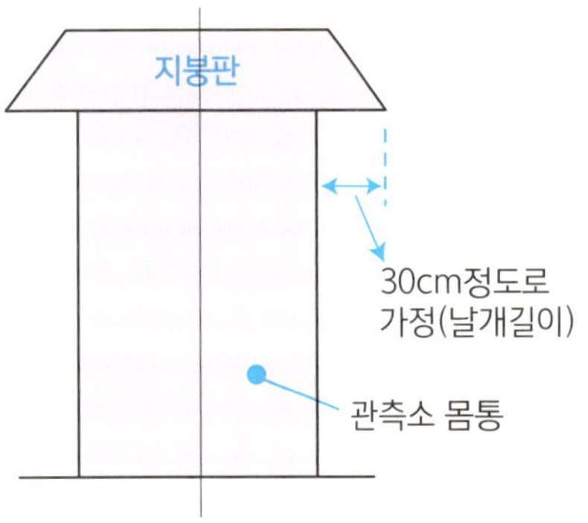


[그림 12] 지붕판날개가 짧을 때 : 안정구조

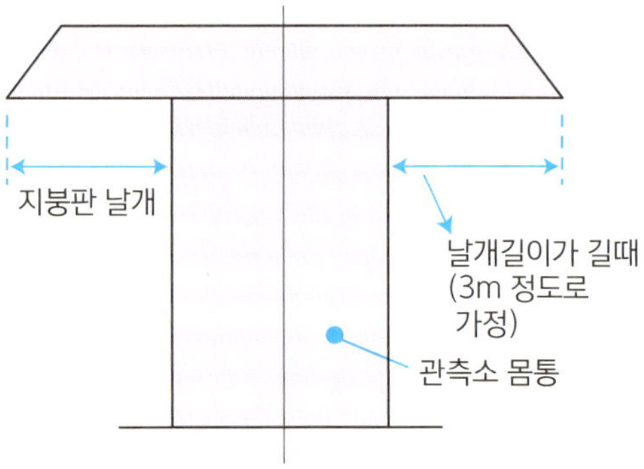


[그림 13] 지붕판날개가 길 때 : 불안정구조

한 눈에 팍 들어오시죠. 제가 설명 안해도 누구든지 보는 순간 찌릿하게 느끼실 겁니다. 못 느끼시는 분은 첨성대는 그냥 스쳐지나 가이소~ 눈뜬 봉사되시기 전에~ㅋㅋ~

지붕판 날개가 짧은 경우는 지붕판 자체가 안정구조로 튼튼할 겁니다. 근데, 지붕날개가 길 경우는 시각적으로도 불안정구조가 될 것 같죠? 인간의 눈은 위험감지능력이 아주 뛰어나답니다. 본인이 살아야 되니까요! 농담이구요~ 지붕날개가 길면 바람이 세차게 불거나 어떤 외력 (지진 등)이 가해졌을 경우는 트위스트춤도 추겠지만 운이 억수로 좋으면(?) 통째로 떨어질 수도 있겠죠. 위험은 사전에 예방조치를 취해야겠죠. 어떻게 하면 될까요? 제가 보강시켜 보겠습니다. 사실은 제가 보강시키는게 아니라 신라인이 보강시켰겠죠.

다음 그림을 보세요. 이젠, 시각적으로도 튼튼한 느낌이 들겁니다. 날개 기둥이 양날개를 펼쳐서 바닥판을 받쳐주니 이제 춤출 일(?)은 없을겁니다.

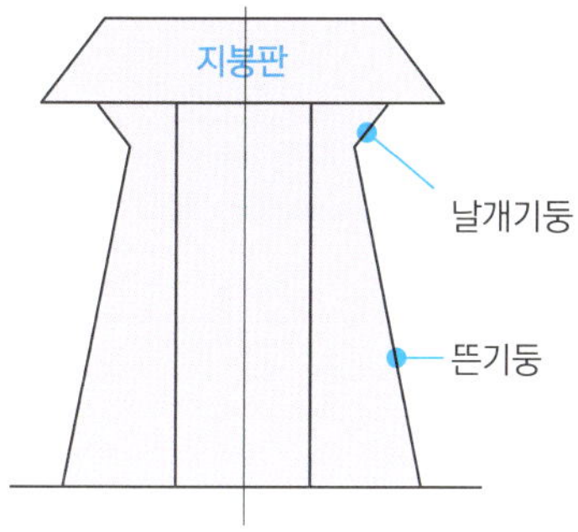


[그림 14] 날개기둥으로 지붕판 보강개념

축구도 양날개 플레이(Wing Play)를 해야 보는 재미가 더할겁니다. 그래서 제가 이 기둥을 날개기둥(Wing Column : 지붕판 보강기둥 개념)이라 명명했답니다. 제가 꼭 작명가같죠? 이 날개기둥을 또 밑에서 힘차게 받쳐주는 기둥이 뜬기둥(Floating Column)이랍니다(일반목탑(1~9층탑)에서는 뜬기둥이지만 첨성대와 다보탑은 개념은 뜬기둥인데 실제로는 받침기둥이랍니다).

이 두 날개 기둥과 뜬기둥은 실제로는 1 SET 랍니다.

이 날개기둥은 일반목탑(1~9층탑)에서는 1관측소바닥판이 넓어서 1관측소바닥판 밑에 설치된답니다(땅에서 한참 위에 있답니다). 그런데 1관측소바닥판에만 설치하는게 아니라 2관측소바닥판이 넓은 경우에도 설치한답니다. 9층탑의 2관측소는 2관측소바닥판이 좁아서 설치하진 않습니다. 근데 땅쪽으로 내려온 지붕판이 넓적한 첨성대와 다보탑에는 비록 2관측소지붕판이지만 설치한답니다. 보실까요.

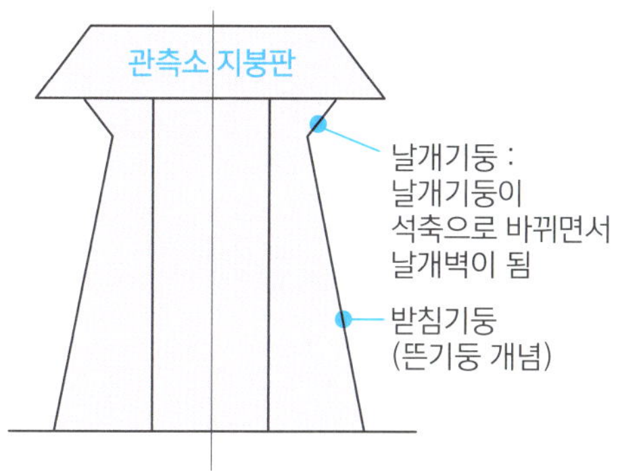


**[ 첨성대의 날개기둥 ]**

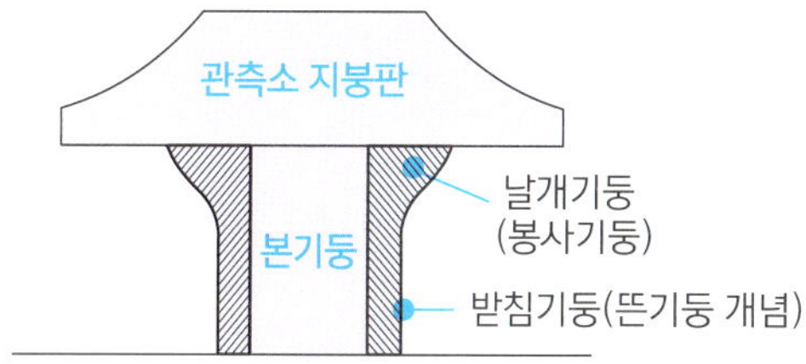


**[ 다보탑의 날개기둥 ]**

[그림 15] 2관측소지붕판의 날개 기둥

첨성대의 지붕판은 널찍하답니다. 그래서 날개기둥으로 지붕판을 보강해 준답니다.

일반목탑의 날개기둥은 나무기둥이지만 지상으로 내려온 첨성대의 날개기둥은 석축이 되면서 날개벽(Wing Wall) 개념이 된답니다.

그리고 다보탑의 2관측소지붕판도 넓은 편이라 모양새는 조금 이상하지마는 뭘 받치고 있는 듯한 날개기둥이 있답니다. 이 다보탑의 받침형상을 보고 날개기둥이라고 인지하시는 분은 탑에 대해서 귀신급이랍니다. 그럼, 제가 귀신~ 설마~

보셨듯이 아주 간단한 건축상식으로 날개기둥을 인지할 수가 있답니다. 알고 보면 쉽고 모르고 보면 항상 의문만 남겠죠. 어떤분이 말씀하셨죠.

'아는 것이 힘이다' ~ㅎㅎ~

## 4. 관측소바닥판의 향(向)

관측소바닥판이 어떤 모습일 것 같나요? 저는 (상부가 좁고 하부가 넓음) 이렇게 잘난이 같이 생긴 걸로 생각했답니다. 9층탑 같은 경우는 1·2관측소가 한 건물에 다 있답니다. 저는 이 1·2관측소가 똑같이 이렇게 생긴 걸로 인지했답니다(제가 찍은 옥룡암 바위의 9층조각탑 사진[후면, 제일 뒷쪽 원본사진 04 참조]을 보고). 9층탑 관측소지붕판의 생김새를 보실까요.

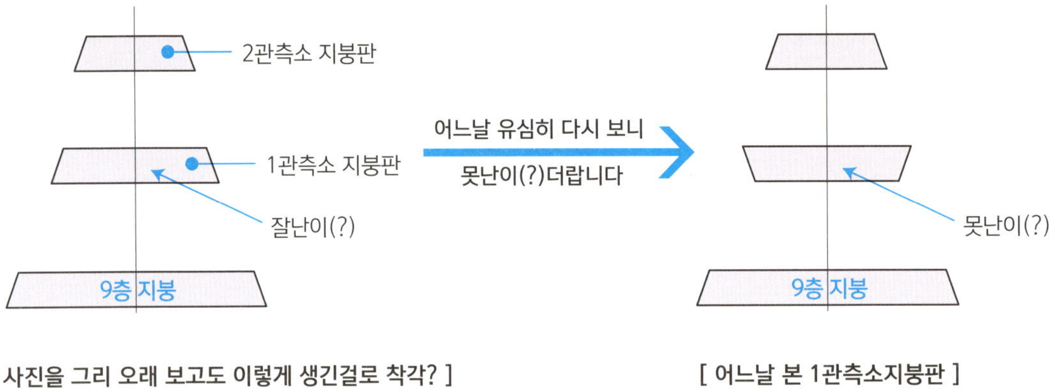


[그림 16] 9층탑 관측소지붕판의 생김새

두 그림이 같은것 같나요? 같게 보이시는 분은 조만간 안과에 한번 가보세요?
2관측소는 저의 생각대로 이렇게 잘 생겼답니다.
근데, 관측소지붕판의 向을 잘 보세요(여기서의 向은 상하(上下)방향을 의미함)

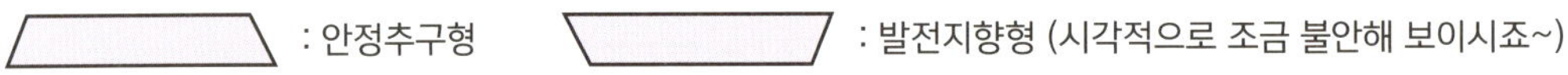


[그림 17] 처음 인지한 1관측소바닥판과 어느날 인지한 1관측소바닥판 형상

둘을 비교해 보니 금방 알아차리실겁니다. 제가 옥룡암바위의 사진을 몇년간이나 보고서도 상부가 넓은 형상인지를 전혀 인지를 못했답니다. 아마도 제가 어떤 고정관념에 사로잡혀 있었나 보네요. 관측소바닥판은 다 안정형 이라고 미리 머리에 입력시켜 놓았나 보네요. 인간은 미리 입력해 둔대로 어떤 사물을 자기방식의 눈으로 보나 보네요. 저만 그런가?...
그래서 옥룡암7층조각탑사진도 다시 확인해 보니 이 7층탑도 요로케 생겼더랍니다(옥룡암 검색 후 바위에 새겨진 9·7층탑을 보시면 아주 선명하게 보이실겁니다). 아마 제가 먼저 안과에 가봐야 될 것 같네요. 다시 한번 더 1·2관측소지붕판의 모습을 보실까요?

[그림 18] 관측소지붕판의 向

제가 이렇게 반복적으로 얘기드리는 건 반드시 기억하시라는 의미일 겁니다.
2관측소인 첨성대지붕판이 어예 생겼는지 인지하시겠죠!

## 5. 숫자의 개념

### (1) 일반숫자개념

신라탑을 풀려니 별걸 다 알아야 되네요. 사실은 엄청많이 알아야 한답니다.

숫자개념이라? 숫자에 개념이 있을까요? 사실은 개념이라기보다 숫자의 법칙이라는 말이 맞을 것 같네요.!

숫자를 보실까요. 0, 1, 2, 3, 4, 5, 6, 7, 8, 9, 10, 11 ... 끝이 없네(정수든 소숫점이 들어가든 동일함). 이 많은 숫자 중 신라건축기사가 좋아하는 숫자가 있답니다. 바로 3, 6, 9, 12, 15... 등 3의 배수의 숫자를 좋아한답니다. 3의 배수숫자중 더 좋아하는 숫자는 바로 9랍니다. 더 웃기는 것은 1′(자)로 나누어도 9가 되는 숫자를 좋아한답니다. 아주 독특한 기사들이랍니다. 쉽게 얘기하면 3의 배수숫자만 모든 칫수에 사용한답니다. 즉, 1m, 2m, 4m와 같이 3의 배수가 아닌 숫자는 칫수로 사용하지 않는다는 말이랍니다. 1′(자)의 개념을 보실까요. 신라시대에는 10진법을 사용했을까요, 12진법을 사용했을까요? 여러 정황들로 미루어 보면 10진법을 사용한 것 같네요. 1자를 보실까요?

1′=3cm(1치)x10=30cm (10진법시)
1′=3cm(1치)x12=36cm (12진법시)
로 10진법을 쓰든 12진법을 쓰든 1치는 3cm로 같답니다.

아마 1치가 3cm라서 그런지 모든칫수에 3의 배수를 쓴 것으로 보인답니다.

숫자가 0~9 사이는 자체숫자가 나오지만, 108cm라든가 할 때에는 반드시 숫자를 끝까지 더해보세요. 108 ⇒ 1+0+8=9로 3의 배수가 나오죠(단위라든가 소숫점 등은 무시하세요. 오로지 숫자만 보세요). 하나 더 볼까요, 486cm라는 칫수를 봅시다. 486 ⇒ 4+8+6=18이라는 숫자가 나올겁니다. 두 자리 이상의 숫자가 나오면 나온 숫자를 한번 더(끝까지) 더해 보세요. 18 ⇒ 1+8=9로 3의 배수가 나오네요. 만약 칫수가 124cm라고 봅시다. 1+2+4=7이 나올겁니다. 이 숫자는 합(合)이 7로 3의 배수가 아니므로 이 124cm라는 칫수는 신라탑에는 존재하지 않는 칫수랍니다. 그래도 예외는 있답니다. 다른 칫수에 영향을 주지 않는 독립칫수는 3의 배수법칙을 따르지 않아도 된답니다. 예를 들면, 보폭과 같은 자체폭칫수는 3의 배수가 아니어도 된답니다.

그리고, 수 에는 홀수와 짝수가 있을겁니다. 신라건축기사는 홀수를 좋아했을까요, 짝수를 좋아했을까요? 어떤 초등학생이 대답하네요~ 예! 홀수요~~ 그리고 몇년 뒤 중학생이 되어서는 이렇게 대답하네요 ~예! 짝수요~ㅎ~ 우리 학생이 많이도 컸죠. 예! 맞습니다. 신라인들은 짝수를 선호한답니다. 아마 이 초등3학년 학생은 3층석가탑, 황룡사9층목탑 등의 얘기를 하도 듣다 보니 본인도 모르게 홀수가 맞는 걸로 생각했나 보네요. 그렇게 생각하시는 분도 계시고 실제로 거의 대부분의 사람들은 그렇게들 생각하고 또한 들었을 겁니다. 근데, 우짜죠. 저희들이 잘못들 생각하고 또한 잘못 알고 있는 개념들이랍니다. 수학적으로 석가탑은 4층석탑이 정확하게 맞답니다. 제가 이렇게 청개구리기질이 강한 놈인가 보네요? 제가 첨성대를 -1층일반목탑(말이 조금 이상하죠?)이라고 말씀드렸을 겁니다. 이 첨성대는 수학적으로 정확하게 0층 일반목탑이랍니다.

즉, 0이라는 말은 사용가능한 층(사무를 보든 예불을 올리든)이 한층도 없다는 의미랍니다.

일반적으로 신라건축물은 짝수로 구성이 되어 있답니다(층수가 되었든 높이가 되었든). 근데, 항상 반기를 드는 놈들이 있겠죠. 조심하셔야 됩니데이. 바로 저희들이 풀려고 하는 첨성대는 묘하게도 탑높이(13.5m)와 탑폭(18.9m)이 모두 홀수로 구성이 되어 있네요. 물론 우리에게 친숙한 황룡사9층목탑의 탑높이(67.5m)도 홀수로 되어 있답니다. 또한 석탑에도 홀수가 있답니다(감은사지3층석탑 높이 : 13.5m, 첨성대와 높이가 같네요).

홀수의 구분법은 숫자의 끝수가 홀수이기도 하지만 곱수(곱하는 수)로 알 수가 있답니다. 예를 들면, 첨성대 탑높이 13.5m = 2.7x5(곱수)에서 곱하는 수 5가 홀수이기 때문에 홀수로 분류된답니다(여기서의 2.7은 탑높이의 기본수로 탑높이는 2.7m단위로 높아지거나 낮아진다는 의미임). 짝수를 좋아하긴 하나 가끔은 홀수 칫수도 등장한답니다. 이 황룡사9층목탑 높이가 홀수인 걸 보면 같은 홀수 높이인 첨성대도 종교건물 냄새가 쪼께 나는듯 하기는 하네요, 알 수 없으라!

(2) 탑높이와 탑폭의 숫자개념

앞에서 주요한 칫수(탑 높이나 탑폭 등)는 9의 배수이기도 하지만 자(1'=30cm)로 나눈 숫자도 반드시 숫자 합이 9가 되어야 한다고 했을 겁니다. 이 말을 수학적으로 분석해 보면 9x0.3(1자 길이)=2.7이라는 숫자가 나온답니다. 27(2.7이나 27은 같은 숫자 개념임. 소숫점은 아무런 의미가 없음)의 배수숫자는 숫자 합이 9가 되며 또한 1'(1자)로 나누어진 숫자의 합도 반드시 9가 된답니다. 즉, 숫자 합이 9가 되며 1'(1자)로 나누어도 숫자합이 9가 되는 최소단위 숫자가 27이라는 숫자랍니다. 볼까요. 27 ⇒ 2+7=9 맞죠. 자로 나누어 볼까요. 2.7÷0.3(1')=9 이것도 맞네, 자로 나누어도 역시 9라는 신라인들이 제일 좋아하는 숫자가 나오네요. 이렇게 좋은 숫자인 27을 엄청 중요한 칫수인 탑높이와 탑폭에 적용했을 겁니다. 맞습니다. 반드시 신라건축물의 탑높이와 탑폭은 27과 108(27x4)의 배수가 된답니다.

이 108은 27의 4배수로 어쩌면 27보다도 신라인들이 더 좋아한 숫자인 것도 같답니다. 쉽게 얘기드리면 이 108이라는 숫자가 가장 완벽한 숫자랍니다. 그래서(?) 절에서 108배를 드리는가 보죠! 특히, 신라석탑 등은 108의 배수(27의 배수도 당연하겠죠)를 더 선호하는 것도 같답니다.

예를 들어봅시다.
- 첨성대 높이 13.5 = 2.7x5로 2.7의 배수가 나온답니다.
- 9층탑높이 108=2.7x40으로 또한 2.7의 배수랍니다.

석탑인 다보탑의 폭을 보실까요
- 다보탑폭 7.56=1.08x7로 108의 배수가 나오죠.
- 다보탑폭 7.56=2.7x2.8로 2.7의 배수랍니다.

다보탑폭은 묘하죠. 1.08로는 정배수가 나오죠. 근데 2.7로는 소수점 정수가 나올겁니다. 그런데, 이 숫자개념에서는 소숫점은 별 의미가 없답니다.(나눔수의 단위(m냐 cm냐 등)를 따르기 때문이겠죠. 27cm로 나누어 보면 7.56÷0.27(27cm)=28로 정수배수가 나온답니다).

이 탑높이나 탑폭이 반드시 27이나 108의 배수가 되어야 한다는 법칙은 탑을 푸는데 무지 중요한 사항이랍니다(이 27이나 108에는 단위가 없습니다. 필요에 따라 cm나 m 등을 넣어 주세요. 또한 0.27도 되고 1.08도 되니 필요에 따라 변화시키면 된답니다).

(3) 칫수 표기방법

기본원리는 아니지만, 이 책의 내용과 도면의 모든 칫수표기는 미터(m) 기준이랍니다.
즉, m를 기준으로 모든 치수를 나타낼겁니다. 예를 들면, 240cm일 경우에는 2m 40cm가 되겠죠. 여기에서 m인 2를 쓰고 나머지는 소숫점 뒤에 넣을겁니다. 240cm인 경우는 2.40m가 될겁니다. m는 쓸 수도 있으나 기본적으로 쓰지 않을겁니다. 즉 240cm는 그냥 2.4로 표기될겁니다. 216cm는 2m16cm이므로 2.16이 되겠죠. 18cm는 m가 0이 되겠죠. 즉 0m 18cm이므로 18cm는 0.18이 된답니다.
3cm는 m도 0이고 10cm도 0이겠죠. ∴ 3cm= 0.03이 될겁니다.

0.003은 3mm가 되겠죠. 와 이리 쉽노!
한번만 더 봅시다. 21.6은 21m 60cm가 될 겁니다. 순간적으로 이 21.6을 보고는 이게 뭐지 할까봐 노파심(?)에서 얘기 드린답니다.

## 6. 1자(1尺:1′)의 길이 개념

신라시대의 1자(1′) 길이가 현재의 미터법으로 몇 cm쯤 될까요? 궁금하실겁니다.
물론 신라시대와 현재를 비교해 봐야죠. 신라시대의 1′ 길이는 현재로서는 아무도 알수가 없답니다. 그럼, 현재 저희들이 사용하는 1′ 길이부터 알아봅시다.

현재 1자 길이 = 30.303030...= 30 $^{30}/_{99}$이네요. 무리수(분수로 나타낼 수 없는 수)가 아니라 희한하게도 유리수네요? 이 1자 길이를 무엇을 보고 현재의 미터법자를 가지고 실측해 내신 건지는 모르겠으나 이 분은 귀신보다 눈이 더 정밀하셨던 분 같네요~ㅋㅋ~
근디, 이 분이 실수한 게 있네요. 무리수를 보셔야 하는디 아마 유리수가 눈에 보이셨나 보네요~ㅎㅎ~ 현재의 미터법길이도 영원한 무리수인디?(현재의 미터법 길이도 가정으로 어떤 기준을 정한 것이겠죠. 아닌가?)

혹시 읽으시다가 이상한 느낌이 안 드셨는지요?
제가 1자를 30cm라고 큰소리(?) 치면서 얘기드렸잖아요. 아마, 말은 안 했겠지마는 속으로들 이 놈의 무식해 빠진 놈이 별 소리를 다 지껄이네 라고들 생각하셨을 겁니다~

예! 맞습니다. 제가 더위를 먹은 건지 요즘 맛이 살짝 간 것도 같네요~ㅋㅋ~
제 정신으로는 1자를 30cm라고 우기지는 않을 테니까요! 그런데 우짜죠. 1자는 정확히 30cm가 맞답니다.
다만, 각 시대의 1자 길이에 적용했든 길이 개념이 현재 우리가 사용하는 미터법의 칫수와 차이가 날 뿐이랍니다. 즉,

- 신라시대의 1자 길이=30cm(10치)
- 최근까지 사용되던 1′=30cm(10치)
- 현재의 1′=30cm(1자로 가정. 현재는 1자라는 말 자체도 없으며,
치라는 개념은 더더욱 없겠죠).
앞으로 천년 뒤의 1′=30cm(바뀔 수도 있겠죠. 1자와 치가 살아날 수도 있겠죠)

보시듯 기본 개념은 30cm(1자=3cm(1치)x10: 10진법)로 똑 같답니다.
물론 그 시점의 미터법이겠죠. 다만, 그 시점(시대)과 현재의 미터법 길이를 비교해 보니 약간 다를 뿐이랍니다. 즉, 최근까지 우리가 사용하던 1자=30.303030...는 현재 미터법의

1자 개념으로 보면, $\frac{30.303030}{30} = 1.0101 = 1\,{}^{1}\!/_{99}$ 로 약 1.0101배가 더 클 뿐이랍니다.

쉽게 얘기하면 현재 미터법의 1.0101배가 최근까지의 1자 길이랍니다.
이 1자 길이는 제가 얘기하면서도 제가 더 헷갈리는 것 같네요.

사실 제가 탑풀기를 시작하고 조금 지나서 하도 궁금하여 손을 댄 것은 바로 신라시대의 1자길이가 현재의 미터법으로 몇 cm일까 였을겁니다. 몇달을 오로지 신라시대의 1자 길이를 찾아내려고 했는데 알아낼 수 있는 방법이 영원히 없다는 걸 알았답니다. 이유는 간단하답니다. 계산시 어떤 한 칫수가 고정칫수여야 나오는 칫수도 고정칫수가 되어 길이 추정이 가능한데, 입력칫수(input)가 가변적이니 나오는 칫수(output)도 당연히 가변적이더랍니다. 아마 저만큼 1자 길이에 대해 많이 생각해 보신 분은 그리 많지는 않을겁니다.

그런데, 다행인지 천운인지는 모르겠지만 제가 힘들이지 않고도 신라시대(물론 그 탑을 지을 당시이거나 그 탑에만 적용되었을 수도 있음)의 1자 길이를 정확하지는 않을지라도 어느 정도 인지하게 되었답니다. 어디에서 일까요? 바로 석탑의 이론칫수(계산칫수)와 현상태의 실측칫수를 서로 비교해 보면 알 수 있겠죠, 현재까지 신라시대의 1자 길이는 1′=30.15 cm정도로 추정된답니다. 즉, 30cm보다 1~2mm나 1~3mm가 더 큰 것으로 보인답니다. 최근까지 사용된 1자보다 쪼께 적답니다. 그렇다면, 신라인들의 발이 최근까지 사람의 발보다 쪼께 적었다는 이바구?

이 자(尺)라는 놈은 신라시대(신라시대도 시기별로 다를 수 있음)나 조선시대에 따라 다를 수도 있으며, 지역마다 다를 수도 있으며, 기사마다 또는 각 탑마다 다 다를 수가 있답니다. 아니 달랐을 겁니다. 아무리 국가에서 표준자를 비치해 두었더라도 손솜씨에 따라 달랐을 겁니다. 물론 현재 사용하는 자조차도 제품마다 다를 수도 있답니다. 아니 계절에 따라서도 자길이가 달라질 수도 있답니다. 정밀도가 다를 수도 있다구요.

~역시 영리 하시네요~ㅎ~ 그러니, 너무 신라시대의 1자길이가 몇 cm일까를 고민하실 필요까진 없을 것 같네요. 간단히, 신라시대엔 30cm였으나 신라시대의 30cm가 현재 미터법보다

약 1.5mm 정도 더 길구나라고 생각하시면 된답니다. 제가 이렇게나 길게 얘기할 때는 다 이유가 있으며 중요하기 때문일겁니다. 이제 1자 길이의 궁금증이 조금 풀리셨는지요.

원래 탑높이와 탑폭 등 모든 칫수를 그 시대의 자(예를 들면 12자, 3자 3치 등) 단위로 표시하는 것이 맞으나 자의 길이개념이 저희들에게 익숙하지 않네요. 예를 들면, 9층탑 높이가 108m라고 해야 높이 개념이 퍼뜩 떠오르지, 108÷0.3(1자)=360′로 '9층탑 높이가 360자다' 라고 얘기하면 '어느 정도 높이지?' 하면서 순간 잘 안 떠오를 수가 있답니다. 첨성대 높이가 13.5m인데 자로 환산해 보면 13.5÷0.3=45′로 '야! 첨성대 높이가 45자데이'라고 하면 감을 떠나서 무슨 말인지 조차도 잘 모를겁니다. 아마 목수양반도 잘 못알아 들을 겁니다. 그래서 모든 칫수는 미터법으로 쓰겠습니다. 물론 그 시대의 미터법이겠죠. 첨성대 높이가 45자가 정확한 표현법이나 13.5m로 할 겁니다.

그럼, 현재의 미터법으로 실제 첨성대 높이를 계산해 봅시다. 13.5÷0.3=45′→45′x30.15(신라시대 1자 길이의 현재 미터법 길이) =13.5675로 제가 13.5m라고 표기한 것보다 약 6.75cm가 더 높네요. 맞습니다. 제가 13.5m라고 쓴 것이나 45자라고 쓴 것이나 약 6~7cm 밖에 차이가 없답니다.

오십보 백보네요.(억수로 쉽게 생각하면 현재의 미터법과 거의 같답니다). 제가 첨성대 높이를 13.5m라고 써도 되겠죠~ 제가 이렇게 미리 양해를 구할 줄도 안답니다~ㅎㅎ~

자(尺)에 대해 한가지 아쉬운 점은 오래 사용되왔었던 1평(平)=6′x6′=1보(步)x1보≒3.3㎡가 이제는 ㎡로 통일했다네요. 그래도 당분간은 쓰겠죠.

## 7. 가상기초판 개념

가상기초판이라? 말 그대로 기초판이 있다고 가정하는 것이랍니다. 일반적으로 기초는 건물 밑쪽에 있을겁니다. 신라탑은 크게 몸통부와 관측부로 이루어져 있답니다. 몸통부의 기초판(실제로는 전체건물의 기초판)은 땅속에 박으면 된답니다. 그런데, 관측부도 독립 건물이라고 가정한다면 뭔지는 잘은 모르겠지만 자체 기초판이 있어야 될 것도 같답니다. 사실은 관측소의 기초판은 필요가 없답니다. 몸통부 전체가 기초판 역할을 하니까요. 그래도 혹시 가상기초판이 있을수도 있으므로 있다고 가정해 봅시다.

있다면 기초판은 이렇게 생겼을 겁니다. 그런데 묘한 것은 몸통부 기초판이 땅속에 박히는 것이 아니라 지상으로 올라온답니다. 웃기죠. 보시죠.

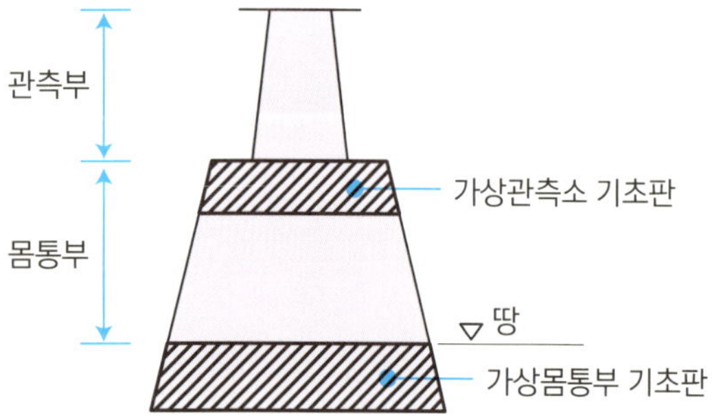


[그림 19] 정상적인 가상기초판

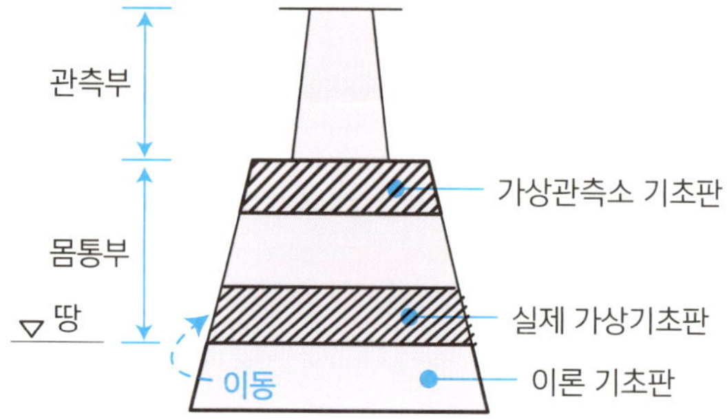


[그림 20] 실제 가상기초판: 몸통부기초판이 지상으로 이동됨

아마 몸통부 기초판이 땅속에 박히면 보이지가 않으므로 누구나 볼 수 있게 솟구쳤나 보네요. 너무 황당해서 귀신에 홀리신 것 같죠. 이 가상기초판은 귀신눈에만 보이는디? 살짝 농담이고요. 이 가상기초판 개념은 조금 우섭게 보이실 진 몰라도 무지 중요한 개념이랍니다.

가상관측소기초판 두께를 알아낼 수 있거들랑요. 더 중요한 것은 관측소바닥판 두께까지도 알아낼 수가 있답니다. 여기서 관측소기초판 두께를 알아내려면 먼저 몸통부기초판 두께를 알아내야 한답니다. 희한하게도 저는 어떤 계산도 해보지도 않았는데 이 몸통부기초판두께를 운이 따랐는지 직감적으로 그냥 인지했답니다.

일반목탑의 지하층층고(석축 높이)가 바로 몸통부 가상기초판 두께더랍니다. 쉽게 얘기드리면 그냥 눈으로 쓱 보고 알아내었답니다. 바로 직감이라는 걸 동원했답니다.
9층탑의 가상기초판 두께를 한번 보실까요.

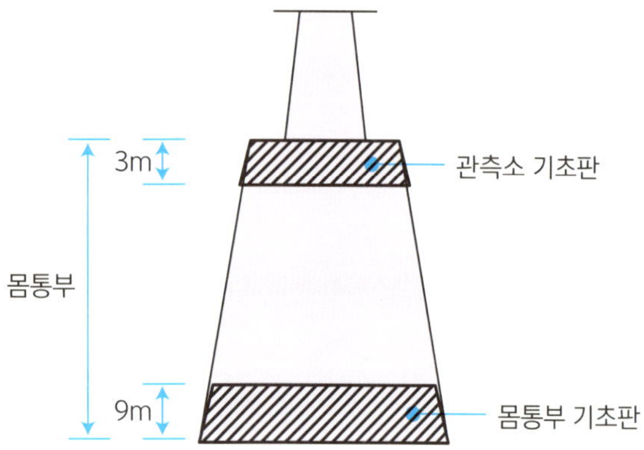


[그림 21] 9층탑의 가상기초판 두께들

몸통부 기초판두께는 지하층층고(석축층고) 9m가 그대로 적용된답니다. 그러면 자동으로(?) 9층탑관측소기초판 두께가 3m로 나온답니다. 완벽한 자동화 시스템이랍니다? 즉, 관측소기초판 두께는 지하층고의 1/3이라는 말이겠죠. 이 관측소기초판 두께의 반인 1.5m가 바로 9층탑의 9층 지붕두께가 된답니다.

신기하지 않나요? 아주 간단한 원리 하나로 일반목탑 최상층 지붕두께가 자동으로 계산된답니다.

이 관측소기초판두께가 몸통부기초판두께(지하층고)의 1/3이라는 것은 아주 간단한 공법(?)으로 알아낼 수가 있답니다. 바로 3등분법이라는 아주 간단한 산수계산으로 알아낼 수 있답니다. 높이 칫수들을 3등분한다고 제가 3등분법이라고 이름을 붙여드렸답니다. 이 3등분법을 공법이라고 해야 하는지 간단한 산수라고 해야 하는지는 모르겠으나 야튼 알아낼 수가 있답니다.

혹시 시간이 억수로 남아 도시는 분이 계시면 한번들 풀어보세요(혹시 안풀리시면 제가 펴낸 책을 컨닝하셔도 됩니다?).

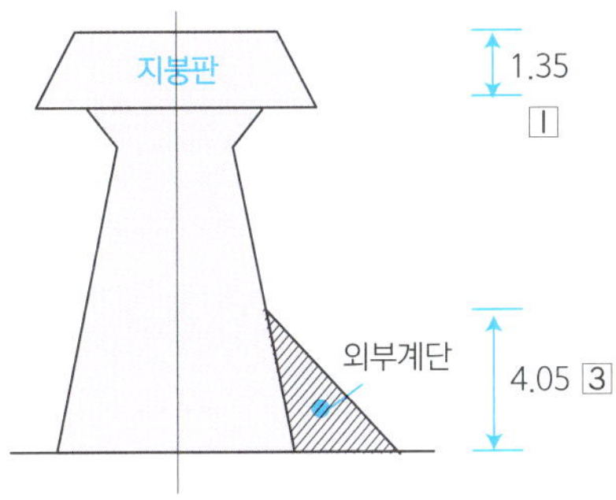

[그림 22] 첨성대: 관측소기초판두께 개념

저는 몸통부기초판과 관측소기초판만 있는 줄 알았는데, 관측소를 풀어가다 보니 관측소도 자체적으로 몸통부기초판과 관측소기초판 개념이 있더랍니다. 관측소에서는 상부에 있는 관측소기초판 두께가 자동으로 관측소바닥판 두께가 되더랍니다. 첨성대의 관측소바닥판 두께를 한번 볼까요. 첨성대 외부계단 높이를 계산해 보시면 4.05의 높이를 갖고 있답니다.

이 외부계단 높이를 첨성대의 자체 가상몸통부기초판 높이라고 가정을 해보면, 이 몸통부 기초판두께의 1/3인 4.05÷3=1.35가 나올겁니다. 이 높이가 바로 첨성대의 관측소바닥판(실제로는 지붕판) 두께가 된답니다.

이상하게 들리셨겠지만 실제로 그렇더랍니다. 이 가상기초판은 귀신의 눈으로만 볼 수 있는 건디? 사실은 가상기초판개념을 갖고 보시면 보인답니다. 많은 생각을 해보니 이 가상기초판개념이 어떤 암시개념(제3의 두께 추정 등)을 갖고 있는 것 같더랍니다.

이 몸통부 기초판과 관측소기초판의 가상개념(실제로 존재하지 않음)이 최상층지붕판 두께도 구해주고 관측소바닥판두께도 알으켜 주는 아주 이쁜 놈이더랍니다. 그냥 느낌으로 가정만 했을 뿐인데 탑을 해독하는데 엄청 도움을 주더랍니다.

이와 같이 우연히 알아낸 법칙도 쓰먹을 데가 다 있네요. 신라탑들은 기본적으로 어떤 법칙이 있으며 이 법칙을 따라서 모든 칫수를 계산으로 알아낼 수가 있답니다.

쪼께 과학적이죠! 수학적인가?

## 8. 갓탑과 첨탑

첨탑(spire)은 어찌되었든 들어들은 보셨을 겁니다. 고층건물의 꼭대기에 주로 철구조물로 삐죽이 세워 놓았죠. 그런데 갓탑이라는 말은 금시초문일겁니다. 당연할 겁니다, 제가 붙인 이름이거들랑요~ㅎㅎㅎ~ 그럼, 탑의 제일 위쪽을 보실까요.

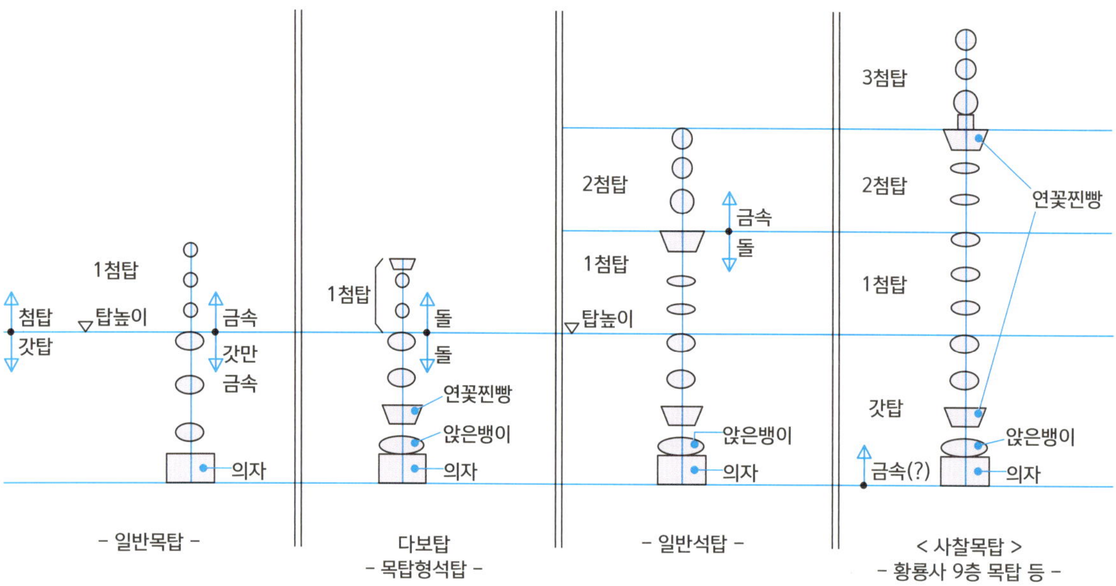


[그림 23] 탑별 꼭다리(갓탑과 첨탑) 형태

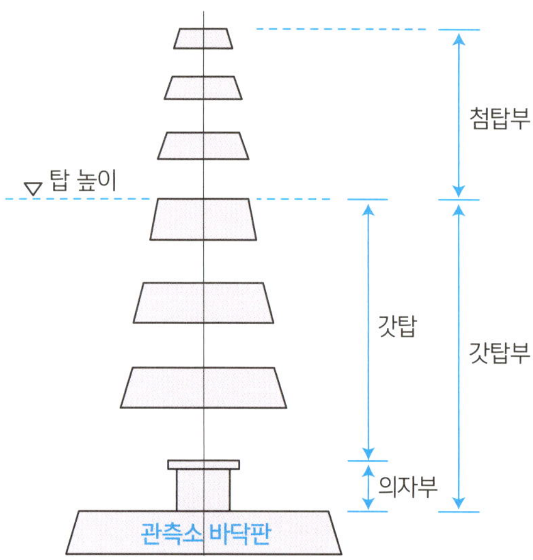


[그림 24] 일반목탑의 꼭다리: 1갓탑 1첨탑

자세히 보시면, 일반목탑꼭다리와 석탑과 사찰목탑의 꼭다리는 다르게 생겼을겁니다.

일반목탑은 기본적으로 갓탑에 뭔진 모르겠지만 의자 같은 것 위에 3개가 있으며, 첨탑에도 3개가 있답니다. 일반목탑의 꼭다리쪽을 먼저 봅시다. 갓탑과 첨탑을 묶어서 꼭다리라고 부르겠습니다(석탑류에서는 일반적으로 상륜부라고들 하겠죠. 아마 잘못 붙여준 이름일겁니다).

갓탑부를 보시면 제일 밑에 의자(철반: 기록된 명칭임)가 있으며 그 위에 어떻게 생겼는지는 알 수 없으나 세 개의 큼직한 것이 있으며, 그 위에 있는 첨탑부에도 하여튼 밑쪽보다는 적은 듯한 세 개의 뭔가가 있답니다.

합쳐서 그냥 첨탑이라고 하면 될것을 왜 굳이 갓탑부와 첨탑부로 구분을 했을까요? 구분 시는 분명히 어떤 이유가 있을 겁니다. 바로 갓탑까지의 높이가 탑높이랍니다. 즉, 첨탑은 탑 높이에 포함되질 않는답니다. 첨탑이 저한테 밉보였나 보네요~

그런데, 이 첨탑은 석탑이나 사찰목탑에서는 쪼께 불쌍하여(?) 탑 총높이에는 낑가(끼워) 줄겁니다. 일반목탑에서는 첨탑 높이가 차지하는 비중이 워낙 미미해 있으나 마나한 높이랍니다 (일반목탑은 초거대형 고층건물이거들랑요!).

그럼, 제가 왜 갓탑이라는 이름을 붙여드렸을까요? 봅시다.

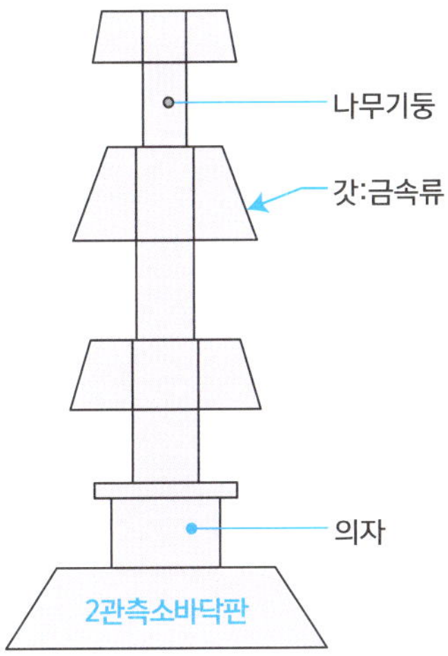


[그림 25] 갓탑이름의 연유

이 갓탑이 어떻게 생겼는지는 알 수는 없습니다마는 보시면 꼭 갓같이 기둥에 걸려있는 느낌이 들어서 제가 갓탑이라 명명했답니다. 물론 8각 갓일 겁니다. 첨성대도 분명히 이 갓이 걸리며 같은 2관측소라서 그런지 9층탑의 갓탑높이와 똑같을 겁니다. 9층탑과 첨성대의 갓형태를 같게 할지 다르게 할지는 아직 미정이겠죠.
현재까진 갓형태를 아주 조금 인지하고 있으나 여러 금속공예가가 힘을 합치면 탑의 꽃인 이 갓을 아주 이쁘장하게 만들어 낼겁니다.

갓탑의 갓과 첨탑 전체는 아마 금속류일 것 같답니다(혹시 황금?).
갓탑 위에 있는 세개의 조그마한 첨탑도 갓탑과 기본생김새는 같을 것 같답니다.

꼭다리 얘기가 나왔으니 석탑이나 사찰목탑의 꼭다리도 잠깐만 봅시다. 석탑이나 사찰목탑은 다 일반목탑의 기본형태를 그대로 따르고 있답니다(다만 관측소만 없겠죠. 다보탑만 빼고).

먼저 석탑의 꼭다리를 봅시다.
다음페이지의 그림을 보시면 일반목탑의 꼭다리와 약간 다를 겁니다. 제일 밑의 의자는 같으나 의자 바로위에 둥그스럼한 뭔가가 앉아 있네요. 그래서 제가 앉은뱅이라고 명명했답니다(제 마음대로죠? 제가 주심이거든요 ~ㅎㅎ~). 일반목탑에는 없는 이 앉은뱅이는 종교적 의미가 있는 것으로 보인답니다. 석탑류와 사찰목탑에 다 있답니다. 갓탑과 1첨탑에는 찐빵인지 호떡 형태인지는 모르지만 각각 세개씩 있답니다. 그래서 제가 '너는 찐빵이야'라고 이름을 붙여드렸답니다. 제성깔하나 지랄같죠? 지가 뭔데~ㅋㅋ~ 좋은 이름이 생각나시는 분은 이쁘게 지어주세요. 그럼 따르겠습니다. 순해졌죠! 일반목탑의 갓과는 모양새가 완전히 다를 겁니다(납작한 것 외에는 부피가 거의 없네요. 그래도 상·하 연꽃모양새는 약간의 부피는 있답니다).

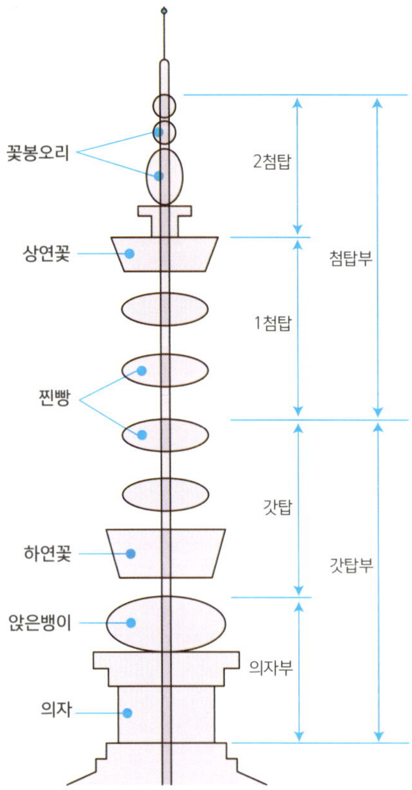


[그림 26] 일반적인 석탑꼭다리: 1갓탑 2첨탑

그리고, 제일 위에 있는 2첨탑(꽃봉오리 첨탑)에는 꽃봉오리인지 구슬류인지 뭔지는 잘은 모르겠지만 세 개가 있답니다. 제일 윗쪽 끝에는 끝꼭다리가 있겠죠.

같은 석탑인데도 다보탑은 1첨탑만 있답니다. 아마도 다보탑은 2관측소라서 그런지 일반목탑의 꼭다리 형식을 따르고 있답니다(일반목탑에 충실한 다보탑은 분류가 쪼께는 애매하지만 목탑형 석탑으로 분류가 된답니다. 4면의 진입계단과 2관측소가 있기 때문이겠죠). 보셨듯이 첨탑이 두개(2단)로 높이에서 차지하는 비중이 높답니다. 그래서 석탑과 사찰목탑에서는 갓탑까지가 탑높이이며, 첨탑높이를 포함해서 탑총높이가 될겁니다. 즉, 두개의 탑높이를 동시에 고려해야 된답니다.

보는 김에 사찰목탑 꼭다리도 잠깐 봅니다.
빼면 섭섭하겠죠~

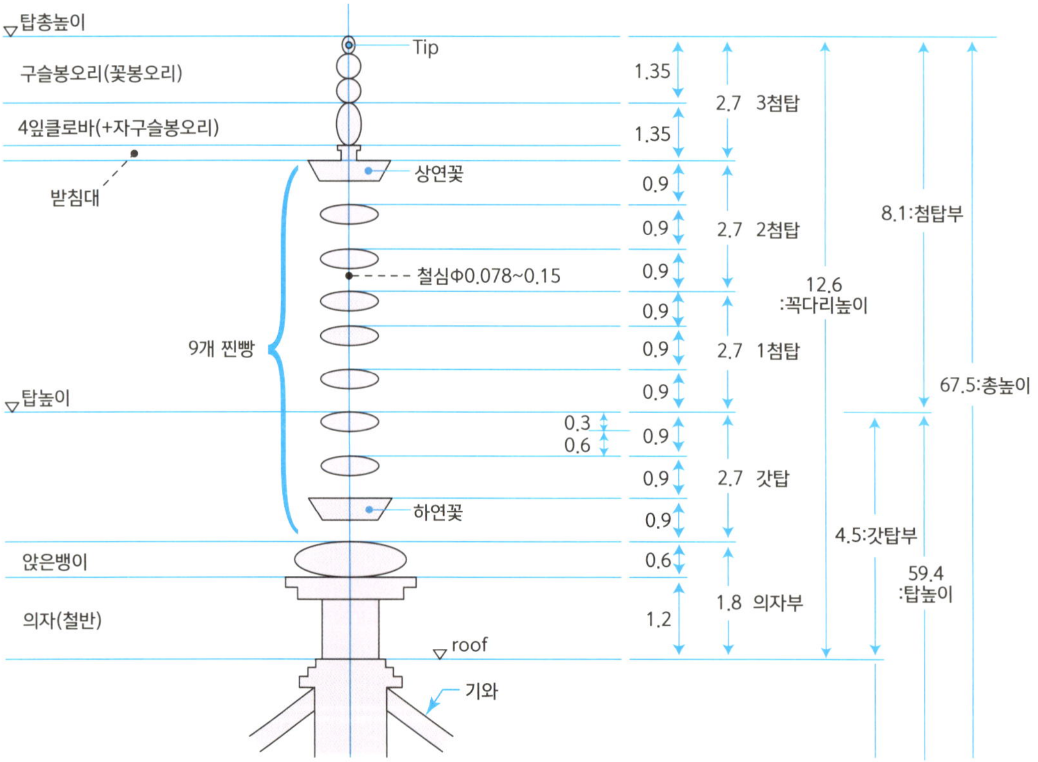


[그림 27] 9층목탑 꼭다리 개념도: 1갓탑 3첨탑

사찰목탑중 제일 중요한 황룡사 9층 목탑 꼭다리 개념이랍니다.
보시면 물경 세개의 첨탑이 있네요. 석탑과 사찰목탑이 첨탑에 공을 들인 걸로 봐서는 이 꼭다리가 아주 중요한 의미가 있으며 또한 탑의 꽃인가 봅니다. 제 얘기가 길었죠. 바로 이 꼭다리 형태만 봐도 이것이 일반목탑인지 석탑류인지 아니면 사찰목탑인지를 알수가 있기 때문이랍니다.

이제까지 일반목탑의 기본원칙들을 잘 이해하셨는지요. 이 기본적인 원리들을 이해하시고 첨성대를 보셔야 한눈에 쏙 들어오실 겁니다.

사실 기본원리들이 제법 많이 있지만 여기서는 첨성대와 관련이 있는 것만 얘기드렸답니다.

## III. 용어와 약자

### 1. 선

도면을 보시다 보면 4.5선 식으로 어떤 숫자 뒤에 선이라는 말이 있을겁니다. 이 말은 건물중심선으로부터 4.5m 떨어져 있다는 의미랍니다.

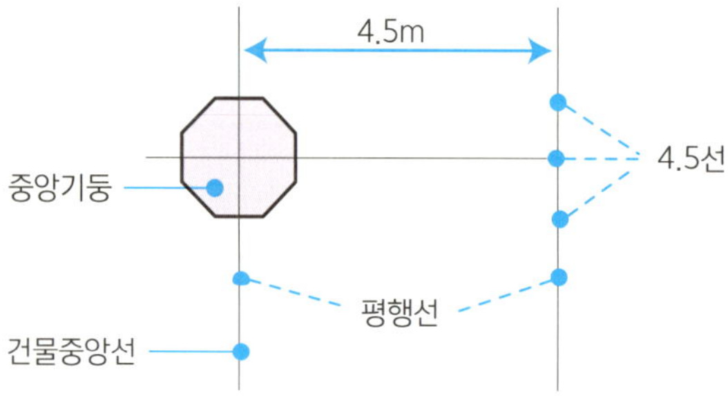


[그림 28] 선의 의미

즉, 건물중심선과 평행으로 떨어져 있는 모든 점들이 4.5(450cm) 만큼 떨어져 있다는 말이랍니다. '2.16선' 이라면 자동으로 건물중심선에서 2m 16cm 떨어져 있다는 말이겠죠. 숫자(칫수)만 써 놓으면 이게 폭 칫수인지 높이 칫수인지가 헷갈릴 수가 있어서 아예 선이라는 말을 붙여서 건물중심선으로부터 얼마만큼 떨어진 거리임을 명확하게 하기 위함이랍니다.

### 2. Core(계단실)

말그대로 핵이죠. 중요한 곳을 의미한답니다. 건축에서는 주로 엘리베이터(elev.)·계단·화장실 등이 밀집되어 있는 곳을 core부라고 부른답니다. 건물중앙부에 집중되어 있으면 중앙 core형 건물이 되겠죠. 그런데, 여기서는 중앙기둥(Cc)을 중심으로 그 주변공간을 core라고 부를 겁니다. 건물의 핵은 맞긴 맞네요(중앙 core형 건물이네!).

주로 계단실로 이용될 것이며(간단히 계단실이라고 아시면 됨), 통로나 복도 등이 될 수도 있답니다. 9층탑 core부를 보실까요.

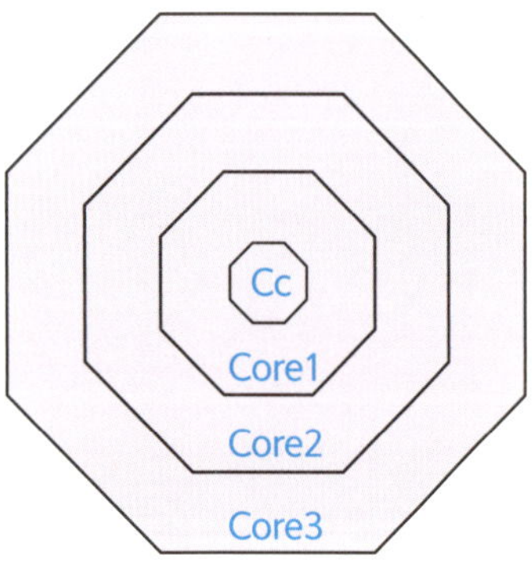


[그림 29] 9층탑 core부 개념

이 9층탑은 저층에서는 Core3이 계단이 되고, 위로 가면(일반층) Core2가 계단이 되며, 관측소에 가면 Core1이 계단이 되는 묘한 구조랍니다. 세개의 Core가 있네요.

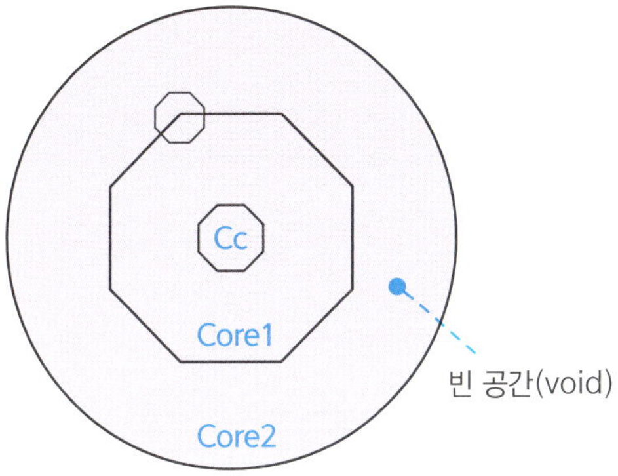


[그림 30] 첨성대 Core부 개념

첨성대 Core는 Core1과 Core2가 있답니다.
당연히 관측소이니 Core1이 계단이 될겁니다.
Core2는 그냥 허당(빈 공간)이랍니다(9층탑의 2관측소는 Core1만 있슴).

3. C

(1) 기둥

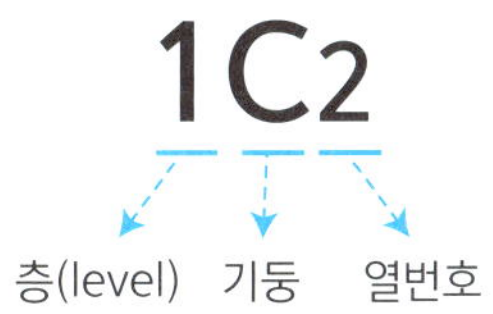


[그림 31] 기둥표시법: 고유 기둥번호임

기둥(Column)의 앞자로 기둥표시 부호랍니다. 기둥표시는 이렇게 한답니다.
앞의 1은 층을 표시하며, C는 말 그대로 그냥 기둥이죠.
뒤의 2는 기둥의 열번호(연속번호 Ser. No) 랍니다.

0층에 있는 1열기둥은 $OC_1$이 되겠죠.
아주 쉽게 얘기드리면 그 기둥의 고유기둥번호라 생각하시면 된답니다.
일반목탑이나 사찰목탑에는 중앙기둥(Cc: Central Column)이 있답니다.

모든 기둥의 중심기둥이랍니다(중앙기둥이 왜 필요한지 아시는지요? 숙제를 내어 드리겠습니다! 제가 조금 앞쪽에 아주 길게 설명드린 걸 참조하세요. 크게 2가지 정도. 혼자서 풀어보세요~ㅎㅎ~ 생각해본다는 건 중요하겠죠?).
기둥규격을 표시할려면 $1C_2∠0.7$식으로 기둥번호 우측에 규격표시를 한답니다. 이 기둥은 1층에 있는 2열기둥이며, 8각기둥(∠)으로 기둥지름이 0.7(70cm)이라는 의미랍니다.

(2) 공통수

공통수에서 살짝 말씀드렸듯이 간단히 C로만 표현하며, 앞에 숫자를 넣어 '3C(3×C, C의 3배수)' 이런식으로 사용할 겁니다. 기둥표시와 비교해 보실까요.

$1C_2$: 기둥표시의 C
3C: 공통수표시의 C
금방 알아보시겠죠?
안경 안끼셔도 알아보실 겁니다.

### 4. ∠(8각기둥)

일반목탑의 내부기둥들은 기본적으로 8각기둥이랍니다(경사기둥은 기본적으로 원형기둥임). 8각기둥을 ⬡ 이런 식으로 그림을 그리기도 그렇고 말로 8각기둥이라고 하기가 애매해서 간단히 8각기둥을 ∠으로 표기하겠습니다.

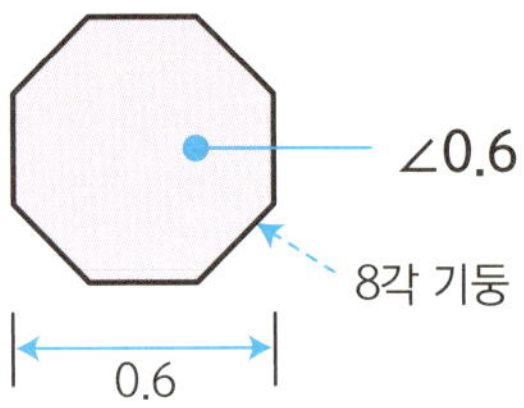


[그림 32] ∠0.6 이해도

즉, ∠0.6이라고 표시해 놓으면 그림에서 보시듯 8각기둥으로 지름이 60cm라는 의미랍니다.
∠1.2면 당연히 8각기둥으로 지름이 1.2m라는 의미일 겁니다.

### 5. ⊿(경사각: 기울기)

⊿는 숫자경사각으로 ⊿$^{6}_{1}$ 등과 같이 밑변치수가 1이고 높이가 6(실제는 칫수가 아니고 두 변의 비례임. 예를 들면, 밑변이 3이고 수직변이 18이면 3:18=1:6이라는 의미임)인 숫자각이랍니다. 이 ⊿$^{6}_{1}$ 을 간단히 ⊿6 or 6각 으로 표현할 겁니다.

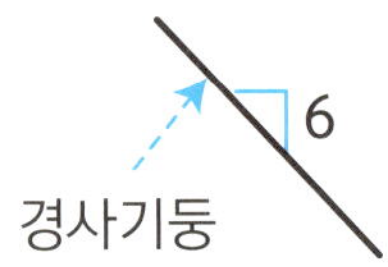


[그림 33] 도면상의 6각 표시

원래 밑수(수평칫수, 윗변포함)인 1을 써야 맞으나 귀찮아서(?) 생략할 겁니다. 그리고 도면상에는 그림과 같이 ㄱ6 으로 표시할 겁니다. 바로 6각을 의미하겠죠. 경사각이니 당연히 경사기둥에서 발생될 겁니다. 경사기둥은 아니지만 건물끝과 건물꼭대기까지의 각도도 이 경사각 표시를 할 수도 있답니다. 볼까요? 도면과 같이 건물끝선과 건물높이 끝을 연결하면 ⊿1 즉, 1각이 나올 겁니다.

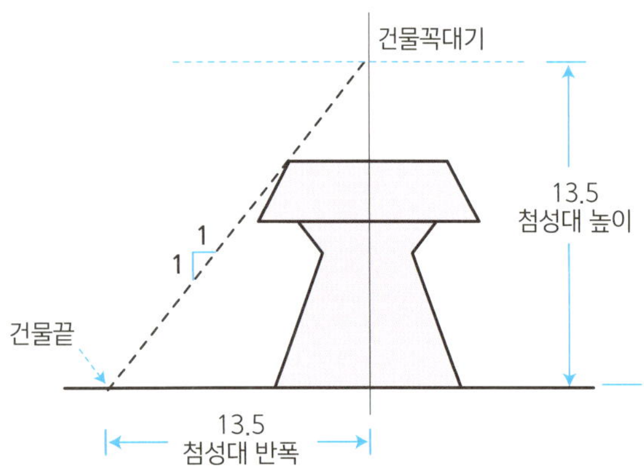


[그림 34] 건물끝과 건물높이 끝의 표시각: 탑각

이건 건물반폭과 건물높이가 같다는 걸 의미할 겁니다.
이와 같이 첨성대의 탑각은 1:1(1각)로 아주 잘 나온 답니다. 9층탑은 2각이 나올겁니다. 탑풀기가 끝이 나시면 심심풀이로 이 탑각을 한번 구해보세요. 재미있답니다~

## 6. R(단높이)과 T(단폭)

계단이 어찌 생겼는지 한번 봅시다. 보시듯이 크게 디딤판과 챌면이 있답니다.

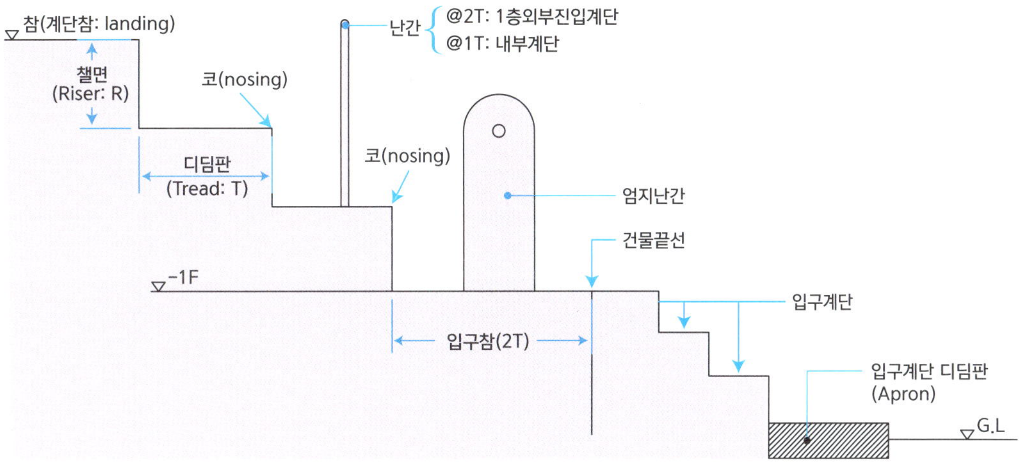


[그림 35] 계단 개념도

또한, 쉬어갈 수 있는 계단참도 있답니다. 당연히 계단난간도 있을겁니다. 계단에서 이 디딤판폭(T)과 챌면높이(단높이 R)는 엄청 중요하답니다. 우리나라에서는 T(디딤판폭)+R(단높이)=45~48cm가 적당하답니다. 서양같은 경우는 약간 더 클겁니다. 체격조건(키 등)과 남녀노소를 고려해서 이 T와 R을 결정한다네요.

신라일반목탑에서는 특별한 칫수표기가 없으면 이 T(디딤판폭)는 30cm가 될겁니다.

그런데, 사찰목탑의 T는 27cm가 될 수도 있답니다. R(단높이)은 공통수를 이용해서 나오는 대로 적용하면 된답니다. 이 단높이(R)는 일반적으로 15cm나 18cm이며 21cm도 가끔 나오며, 꼭 대기문 계단같은 경우는 30cm도 있답니다. 사찰목탑같은 경우는 R=18cm가 주류가 될겁니다. 이 R(단높이)은 수도 없이 많이 나올 것이므로 꼭 기억하세요. 첨성대에는 없지만 R은 원형기둥 표시도 된답니다. 간단히 R0.6이라고 하면 원형기둥으로 지름이 60cm를 의미할 겁니다.

## 7.@(증감계수)

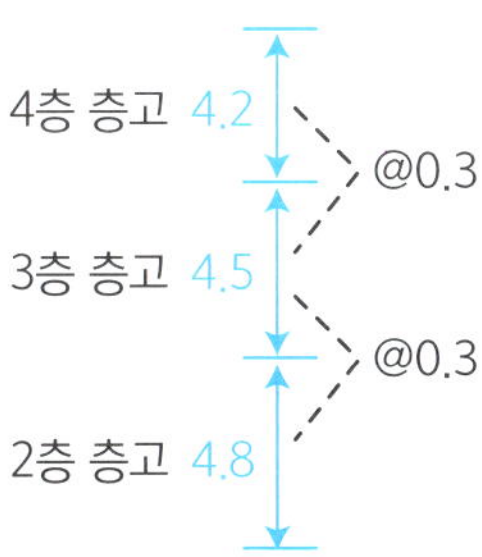


[그림 36] @의 실예

이 @는 골뱅이가 아니라 at의 약자부호랍니다. 건축에서는 주로 간격(철근간격 등)에 사용되는 부호이나 여기서는 증감계수로 사용될 겁니다. 예를 들면, 그림에서의 층고와 같이 각층 층고가 30cm(0.3)씩의 차이가 날겁니다. 이런 경우에 간단히 @0.3 이라고 표기할 겁니다.

즉, 30cm씩 늘어나거나 줄어든다는 증감계수 개념이랍니다.

### ✿ 정수 1의 비밀을 아시나요 ✿

$1 = \sqrt{2} - \tan 22^5$ 라는 말을 들어 보셨는지요. 아시는 분도 계시고 생소한 분도 계실겁니다.

풀어 보면 $\begin{cases} \sqrt{2} = 1 + \tan 22^5 \\ \tan 22^5 = \sqrt{2} - 1 \end{cases}$ 이 될겁니다. 재미있는 정수 1이랍니다. 정수 1이 똘마니도 데리고 다니네요 ~ㅋㅋ~

신라시대에 어떻게 이 공식(?)을 알아내었으며, 더 중요한 것은 이걸 실제로 적용했답니다. 신라일반목탑은 8각형이라는 아주 독특한 구조형태를 갖고 있어서 이 $\tan 22^5$의 값을 알아야만 모든 칫수계산이 가능하답니다.

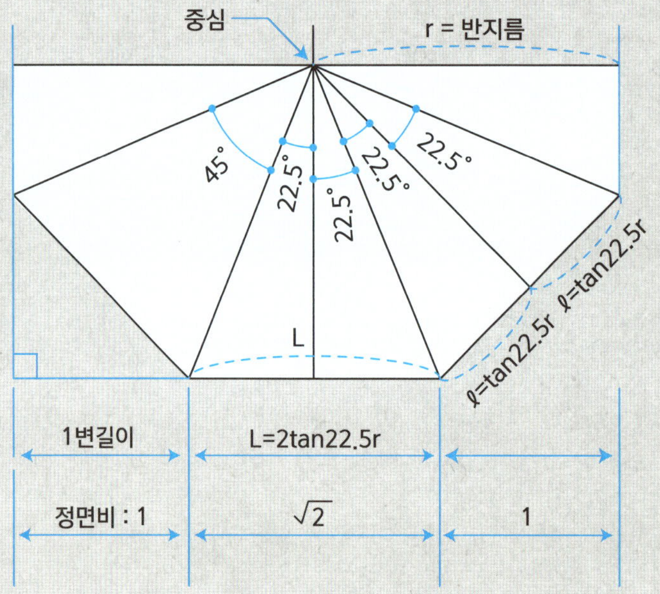


[그림 37] 8각형 각도 분석

이 $\tan 22^5$의 값과 $\sqrt{2}$의 값을 어떻게 알아내었으며, 또한 tan와 √를 어떤 기호(부호)로 표시했는지도 궁금하답니다.

정말 대단한 신라인들이랍니다 ~ 홧팅~

궁금하신 분은 이 $1 = \sqrt{2} - \tan 22^5$의 공식을 한번 증명해 보세요.

현재까지 두 가지의 증명방법을 발견했답니다. 아마 더 많은 증명방법이 있을 겁니다. 다들 시간을 조금 내셔서 한번 증명해 보이소 ~ㅎㅎ~

# IV. 첨성대 접근방법

첨성대 한번 구경하시기 힘드시죠. 아마 진이 다 빠졌을 겁니다.
힘을 내셔서 이제부터 차분히 첨성대로 접근해 봅시다.

## 1. 일반목탑 형태

처음에 탑의 구조를 잠깐 설명드렸을 겁니다. 그래도 아주 간단히 다시 봅시다.

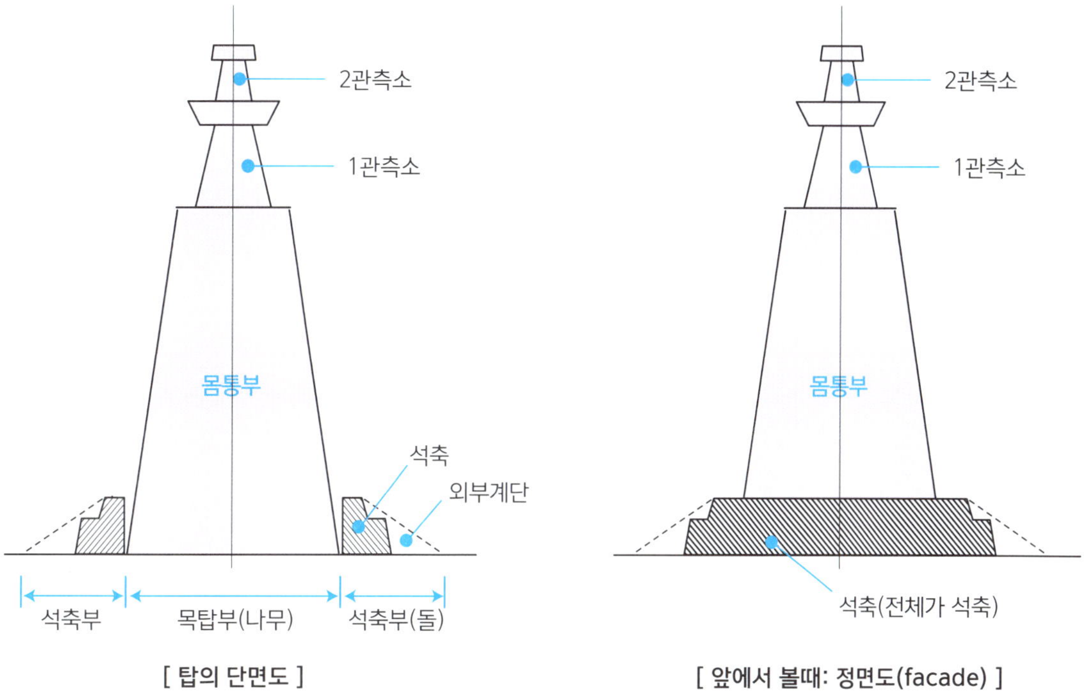


[그림 38] 탑의 단면도와 정면도

단면도를 보시면 양옆에 석축이 있는 것 같지만, 앞에서 볼때(아무데서나 봐도 마찬가지)는 건물 하부 전체가 석축이 감싸고 있답니다. 그래서 이 석축이 본 건물을 보호(방어)하는 느낌이 들어서 제가 성(城; castle) 개념이 있을거라고 말씀드렸을 겁니다. 그렇다면, 건물에서 제일 중요한 형태를 생각해 봅시다. 건물형태는 여러 가지가 있을 수 있을겁니다.

제일 많은 형태가 4각형 형태 건물일 겁니다. 길죽하든 정사각형이든 ㄱ자형태든 일반건물은 거의 4각형태 건물일 겁니다. 그 외 흔하진 않지만 5각형·6각형·8각형 등의 건물이 있을 겁니다(7각형 건물은 들어본 적이 없네요?). 삼각형 형태의 건물도 있다고요?
제가 요즘 깜빡깜빡하네요! 그럼, 우리 신라 일반목탑(그냥 신라탑이겠죠)의 형태는 과연 어떤 모습일까요? 본적이 없으니 알 수도 없답니다. 일반적 형태인 4각형 건축물일까요? 아님 6각형 아니면 8각형 또는 5각형 건물일까요? 6각 정자든 8각 정자 등은 가끔 보실겁니다. 물론 4각 정자도 당연히 있을겁니다. 근데, 희한한 것은 이 신라탑의 형태를 정확히 알아낼 수 있는 흔적이 있답니다. 본적이 없으시다구요? 거짓말도 살짝 할 줄도 아시는군요 ~ㅋㅋ~

흔적이 있는데도 볼려고 하지 않았겠죠. 무관심해서 일까요? 바로 옥룡암(불무사, 경주 남산 자락, 경주시내쪽의 동쪽)의 바위에 전에도 말씀드렸듯이 9층탑과 7층탑이 조각되어 있답니다.

이 조각탑을 정밀분석(?)해 보시면(관심을 갖고 보셔도 됨) 신라탑의 형태가 8각형이라는 걸 아실 수 있을겁니다. 시간나시면 왜 8각형 건물인지를 한번 분석해 보세요. 그래도 헷갈리시면 제가 펴낸 책에 아주 상세하게 설명이 되어 있을겁니다.

이제 신라탑이 8각형 건물이라는 걸 알아버렸네요. 별거 아이네! 첨성대도 일반목탑이니 아마 8각형일 확률이 높겠죠. 아잉가? 둥글방하든디~???~

## 2. 2관측소의 특징

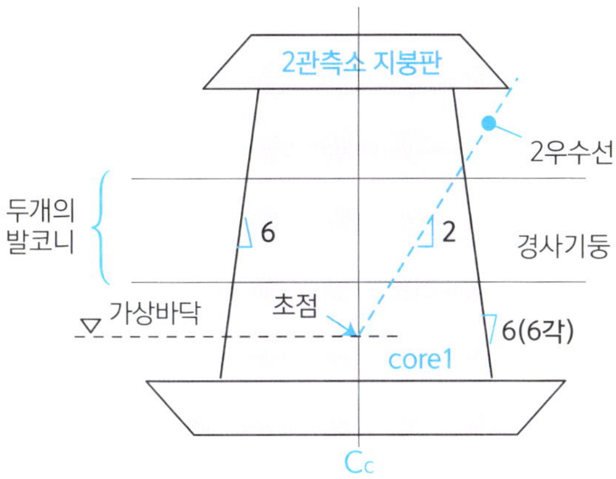


[그림 39] 9층탑에만 있는 2관측소
- 다보탑에도 있겠죠 -

전에도 잠깐 2관측소의 특징을 말씀드렸지만 다시 한번 더 봅시다. 눈에 익고 또 익어야 한답니다. 보시면 크게 두가지의 특징이 있답니다.

첫째, 2우수선의 초점이 건물중심선에 온다는 거겠죠.
둘째는 경사기둥이 ⊿6(6각)이랍니다.
이 경사기둥의 각도는 무지 중요한 개념이랍니다.

참고로 9층탑의 1관측소 경사기둥각은⊿9(9각)랍니다.

그리고, 두 단의 발코니가 있답니다(다보탑도 동일). 그런데, 첨성대는 이 2관측소가 지상으로 내려오면서 경사기둥은 수직기둥으로 바뀌고(내부계단 설치로) 발코니는 사라지며(석축설치로), 첨성대 몸체를 보호하기 위해 외부에 석축(경사기둥격임)을 껴 입게 된답니다. 아이러니하게도, 더 웃기는 것은 9층탑보다 이 첨성대의 축조시기가 빠르다는데 있답니다(9층탑 축조시기가 언제인지는 정확히는 모르지만 대략 CE(the common era: 서기) 640년 전후로 추정됨).

그렇다면 짓지도 않은 9층탑의 2관측소가 왜 지상으로 내려 왔을까요? 이상하지 않으세요? 저는 의심이 무지 많은 놈입니데이! 그럼, 알아보면 되잖아요. 맞습니다! 바로 탑의 관측소를 이해하시면 거기에 답이 있을겁니다. 묘하게도 1~7층탑은 외관측소군으로 관측소가 한개인 1관측소만 있답니다. 아마도 첨성대를 짓기 전에 이미 9층탑의 기본설계를 해 놓았을 겁니다.
이 탑의 설계는 탑의 원리만 알면 무지 간단하답니다. 저같은 돌팔이도 설계할 수 있을 정도니까요 ~ㅎㅎ~
다만, 지을려면 엄청난 사전작업(목재구하기·가공 및 건조 등)이 필요하겠죠. 아마 저 개인생각으로는 9층탑을 지을려니 2관측소를 지어본 경험이 없으므로 2관측소인 첨성대를 먼저 지어보지 않았나 하는 생각이 많이 든답니다.

이 첨성대는 어쩌면 우연히 지어진 탑같은 생각이 많이 드네요.
정리를 해보면 2관측소는,
첨성대(자체가 2관측소) → 9층탑의 2관측소 → 다보탑의 2관측소 순으로 지어진 것 같답니다.

### 3. 첨성대 이해하기(첨성대를 말로 한번 지어 볼까요 ~ㅎㅎ~)

우리들이 집을 왜 지을까요? 당연히 필요에 의해 지을겁니다. 잘 방도 있어야 되고, 밥 지을 공간인 정지(부엌)도 있어야 되며, 또 뭐가 있죠~ 가물가물~ 아! 수납공간 개념인 대청(거실)도 있어야겠네요. 2층이 있으면 당연히 올라가는 계단도 필요하겠죠. 참! 도둑놈이 들어올지도 모르니 담장도 만드는게 심리적으로 안전하겠죠. 아마 더 있을겁니다. 맞습니다. 집을 지을 때는 필요하다고 생각되는 것들을 만들면 된답니다. 아주 쉽게 그냥 상식적으로 지으면 된답니다.

그러니, 첨성대도 집(?)이므로 그냥 상식적으로 지으면 되겠죠. 근디! 첨성대는 집과는 개념이 약간 다르다카네요? 관측소라 카네요! 그렇다면, 제일 먼저 생각할 것은 방대신 관측을 할 수 있는 널찍한 공간(바닥판)이 있어야 겠네요. 관측소바닥판이 땅바닥에 있는 것보다는 높은 곳으로 올라가면 탁트여 관측하기가 좋을 겁니다. 그러면, 관측소바닥판 한개는 해결되었답니다. 높은 곳에 있는 관측소바닥판을 쳐다만 보고 있으면 어느 세월에 별을 관측하죠! 걸어서 올라가야겠지요. 이것까지도 맞는 것 같나요? 당연히 올라가는 계단이 필요할 겁니다. 사다리로 올라가자꼬요? 혼자 사다리타고 올라가세요. 저는 룰루랄라 노래 부르며 계단으로 걸어서 올라가겠습니다~ 그럼, 두가지(관측소바닥판과 내부계단)의 중요한 몸통부는 해결되었답니다. 벌써 기본적인 첨성대의 골격이 완성되었네요. 와이리 쉽노! 이제 살을 붙여야 힘이 생길겁니다. 그럴려면, 도둑놈을 방비하기 위해 성(城; 담장)을 쌓아야겠지요. 건물주위에 석축을 쌓으면 그만이랍니다. 몸통의 나무기둥들이 뻥 뚫려 있으면 보기가 좀 그럴겁니다. 겨울에는 조금 춥겠죠. 그래서 석축으로 살짝 가리개를 하는 것도 좋을 겁니다. 상식적으로 생각하니 집 짓는 거는 누워 떡먹기보다 더 쉽네요. 그런데 누워서는 떡먹지 마세요. 큰일 납니데이~ㅎㅎ~

석축(담장)을 쌓으면 들어갈 수가 없을 겁니다. 당연히 들어가는 개구부(출입문)가 필요할 겁니다. 그리고, 계단으로 올라가다 보니 내부가 어두컴컴하네요. 우짜죠! 빛이 들어올 수 있는 개구부(창 또는 문)를 내면 내부가 훤하게 잘 보일 겁니다.

이것까지도 상식적으로 잘 맞는 것 같나요! 아예 석축을 빼버리자고요? 전 고로케는 못하겠는데요~ㅎㅎ~ 이제까지 뭘 알아내었을까요, 관측소바닥판, 내부계단, 석축, 지상출입문, 중간개구부 이렇게 무려 다섯 가지의 중요한 것들을 알아내었답니다. 그런데, 중간 개구부가 너무 뻥 뚫려 있어서 모양새도 그렇고, 뭔가가 불안하기도 하고 허전한 느낌이 드실겁니다.

그렇다면, 중간개구부로 땅에서도 막바로 올라갈 수 있는 외부계단을 만들면 지상출입문이 아니더라도 걸어서 계단 중간까지는 올라갈 수가 있답니다. 첨성대를 말로 다 지어 버렸네요. 제가 말로 지은 집(첨성대)이 상식적인 것 같나요!

여담 한마디 할까요. 1960년대 중후반대의 어떤 달력 한장을 보실까요. 기억하고 계신 분들도 있을겁니다. 제가 어려 순진(?)해서 인지는 몰라도 그렇게 믿었답니다. 어떤 한 친구(관측요원이겠죠. 관광객인가?)가 사다리를 타고 중간개구부로 올라가고 있네요 강심장인가 봅니다.

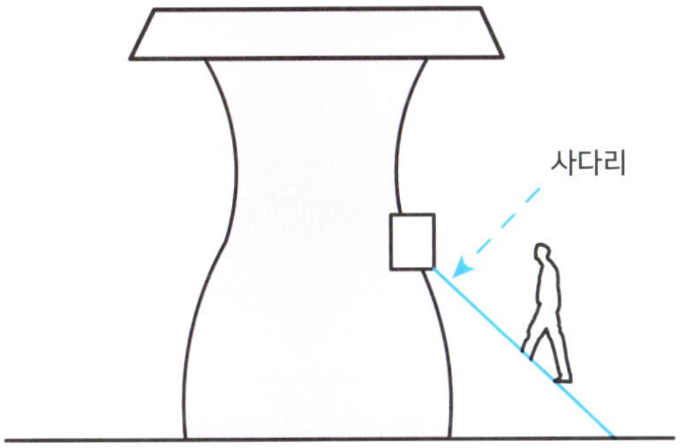


[그림 40] 어떤 달력의 첨성대 외부 사다리

조심해서 올라가야 될낀데! 개구부 안으로 들어가서도 위로 갈려면 날아서 올라가든지 아니면 또 사다리를 타고 올라가야겠지요. 위에 가봐도 뻥 뚫려 있는데? 무슨 수로 별을 관측할 수 있을까요? 자기 몸 간수부터해야 할듯~ ㅋㅋ~ 저 같으면 우리집 마당에 돗자리깔고 한잔 걸치면서 느긋하게 관측하겠죠.~ㅎㅎ~ 아마 신라 관측요원은 사다리도 잘 타야 되겠지만 위에서도 밧줄로 몸을 꽁꽁 묶든지 해서 안 떨어져야겠죠. 삐끗하는 순간에 관측은 커녕 엉디에 불이 날 겁니다. 엉디에 불만 나면 그나마 다행이겠죠!

자! 이 현재 상태로 남아있는 첨성대가 상식에 근거해서 지어진 건축물로 보이십니까?
제 입으로 얘기하기가 쪼께 그렇네요. 각자 알아서 판단하이소~

그럼, 저희들이 상식적으로 생각해서 지어본 집인 첨성대가 어이 생겼는지 형태만 봅시다.

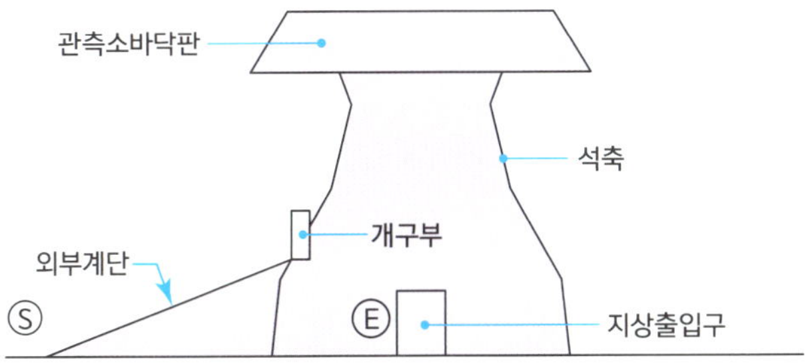


[그림 41] 말로 지어본 첨성대 대충 형태도

☆신라인이 상식적이었을까요, 현대인이 더 상식적일까요?
저는 신라인이 상식적으로 집을 지은 것 같고, 현대인은 상식적으로 집을 짓는 것이 아니라 건축법이 집을 짓는 느낌이 살짝 드네요?
제법 진화가 많이 되었죠!☆

상식적으로 볼 때 갖출 건 다 갖춘 것 같네요. 이제 지붕에 올라가서 룰루랄라 관측만 하면 된답니다. 근디, 뭔가 쪼께 부족한 것 같지 않으세요? ~관측도구가 빠졌다구요~
하! 영리하신 분이네요~ 그냥 눈으로만 관측하입시데이?~

혹시 더 필요하신게 있으시면 저한테 알려주세요. 로비(lobby)가 필요하시다구요? 예! 좁지만 넣겠습니다. 근디, 요구사항이 거창하지 않고 너무 일상생활적인 것 같네요~ 평범한 분이신 것 같네요~ㅎㅎ~

생각만 해 본 이 첨성대를 하나하나 풀어 보셔야죠.

## V. 첨성대의 부위별 개념

### 1. 계단폭 알아내기

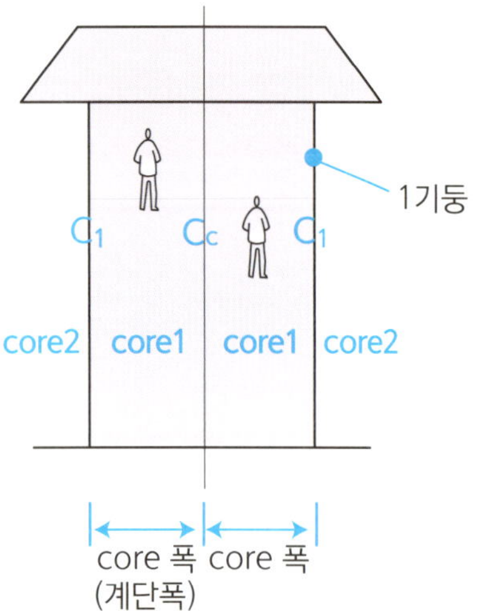


[그림 42] 계단폭 개념

저번에도 잠깐 말씀드렸습니다만 이 Core(건물의 핵, 계단실)는 엄청 중요한 개념이면서도 Core폭(계단폭)은 건물규모에 큰 영향을 미친답니다. 기본개념은 계단실폭 개념이랍니다. 그림에서 보시면 중앙기둥(Cc)과 1기둥(C1) 사이가 Core1이 되며 그 다음이 Core2 이런 식으로 Core부가 있답니다. 첨성대의 Core1은 자동으로 계단실이 된답니다. 처음 접근할 때 현재의 첨성대 하부폭이 좁은 듯하여 Core폭을 1.35(135cm)로 생각했었는데, 너무 좁은 것 같아 1.65, 1.8 등으로 폭을 넓혀도 내부 계단이 잘 나오지가 않아 Core폭을 1.95(1m 95cm)로 넓혀 보니 드디어 계단이 성립되더랍니다.
신라일반목탑의 Core폭을 한번 보실까요.

| 탑명 | core폭 | | 비고 |
|---|---|---|---|
| 9층탑 | 2.7 | @0.15 | |
| 7층탑 | 2.55 | @0.15 | |
| 5층탑 | 2.4 | | |
| 3층탑 | 2.25 | | |
| 1층탑 | 2.1 | | 석굴암포함 |
| -1층탑 | 1.95 | | 첨성대 |

[표 3] 신라탑의 core폭 비교

도표에서 보시듯 각 탑당(2개층 기준) Core폭 증감계수가 @15cm가 나올겁니다. 즉, 각 탑당 15cm씩의 증감이 있다는 말이겠죠. 보시니 이상한 것을 못느끼셨는지요. ~
어! 첨성대가 -1층 목탑으로 분류되네요?
예, 정확히 -1층 목탑이 맞답니다.
9층탑이 10층탑으로 바뀌지 않는 이상은?

이걸 비교해 보시면 9층탑은 10층탑이 되어야 맞으며 그리되면 당연히 첨성대도 따라서 0층탑이 된답니다. 수학적 분석 기준이겠죠. 일반적으로 9층탑을 10층탑이 아닌 9층탑으로 부르니 따라 불러야 겠지요. 이 층개념이 무지 헷갈리는 개념이랍니다. 유럽 일부 나라에서는 우리의 1층을 0층(땅층: GF)이라 부르며, 우리의 2층을 1층으로 부른답니다. 맞을까요? 틀렸을까요?

수학적으로는 정확하게 맞는 말이랍니다. 시간 나시면 계산해 보십시오. 산수보다 더 쉬울겁니다? 그런데, 우리나라에서는 그냥 1층을 1층이라고 얘기하세요. 0층이라고 우기면 어떤 소리(?)를 들을지도 모른답니다. 무슨 얘기인지 아시겠죠! 그래서, 이 첨성대가 -1층탑이 된거랍니다. 어쩌면, 신라인들은 이 지하층(실제로는 1층)을 땅층으로 생각하고, 2층을 1층으로 생각한 것으로 보인답니다. 쪼께 Europe적이었네요~ㅎㅎ~

이 Core는 주로 계단실로 쓰이지만 통로 등 다른 용도로 쓸 수도 있답니다.

## 2. 몸통부 크기

몸통부 크기를 알기 위해 core폭(계단실 폭) 얘기를 드린겁니다

몸통부 크기를 보실까요.

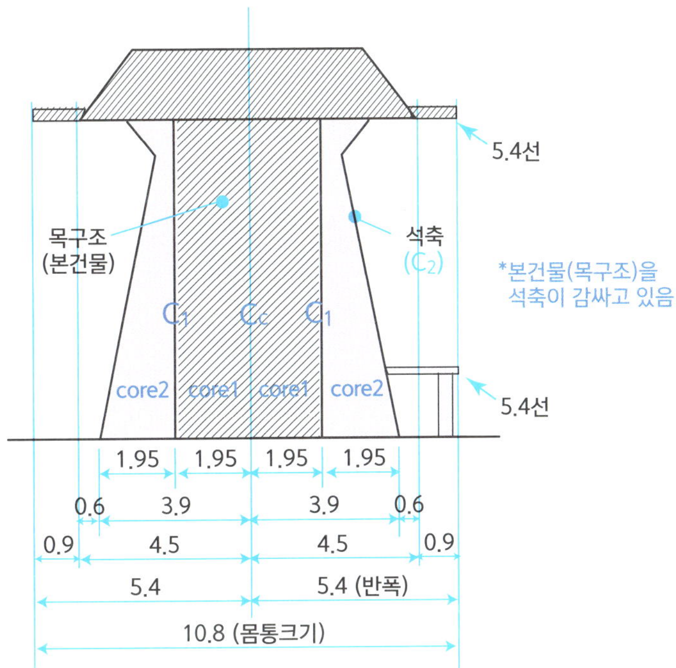


[그림 43] 첨성대 몸통부 반폭계산기준

몸통부폭(반폭)을 알아야 첨성대폭을 알 수 있답니다. 중앙기둥(Cc), 1기둥(C1)도 있으며, 석축이긴 하지만 편의상 2기둥(C2)이라고 표기했답니다. 5.4선은 무슨 뜻이었죠?
갑자기 물으니 헷갈리시죠?

중심선에서 평행으로 5.4(540cm) 떨어져 있다는 의미겠죠. 보시면, Core1과 Core2의 폭이 1.95로 같으며, 관측소바닥판 끝에는 꼭다리도 있을 겁니다(부처님을 모실까 생각중에 있답니다). 몸통부를 보시면 몸통부 폭은 10.8m(5.4선x2)이며 반폭은 5.4m가 된답니다. 몸통부와 외부계단을 합치면 건물폭이 될겁니다.
내부로 들어가는 출입구문도 있으며 출입구 지붕판(canopy)도 있을겁니다. 본건물인 Core1과 관측소바닥판은 다 목구조물이며, 석축만 돌삐랍니다. 이제사 목탑냄새가 쪼께 나실겁니다. 몸통부 개념은 일반목탑식으로 8각형 개념인데 석축만 원 형태로 바뀐 상태랍니다. 지붕판·Core1·기초판은 모두 8각형태랍니다(석축상부의 날개기둥인 3단도 8각 형태임).
참고로 석굴암은 묘하게도 지하층 내부는 원 형태인데 외부석축과 1층은 8각형일 겁니다.

일반목탑의 기본형태는 8각형이라고 아시면 됩니다.

## 3. 석축(첨성대의 꽃)

(1) 석축의 이론경사각 개념

이 석축은 1~9층 일반목탑의 석축(城)과 동일한 개념이라고 보시면 된답니다. 다만, 일반탑의 석축은 아주 두껍지만(석괴 개념) 첨성대 석축은 홑벽(한단씩 쌓기 개념)이랍니다. 그래서 경사기둥격인 C2(2기둥)로도 표기할겁니다. 먼저 이 석축의 기본개념부터 알아야겠죠. 어디서 왔는지? 설마 하늘에서 떨어지진 않았겠죠. 어디서 왔을것 같나요. 당연히 9층탑 2관측소에서 왔을겁니다. 9층탑 2관측소를 잠깐 보실까요.

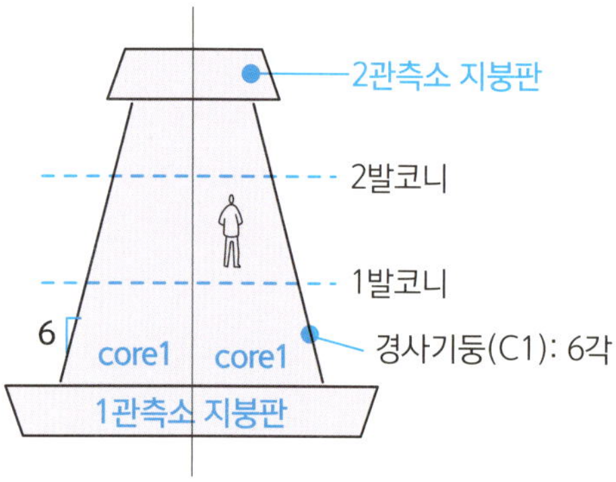


[그림 44] 9층탑 2관측소: 경사기둥각 6각

9층탑 2관측소는 아주 간단한 구조랍니다. 중앙기둥(Cc)이 있고 1기둥이 경사기둥(C1)이며, 경사각이⊿6(6각)이랍니다. Cc와 C1 사이가 Core1로 바로 계단이랍니다.

그리고 발코니가 두개가 있답니다. 이게 다랍니다! 바로 이 9층탑 2관측소가 지상으로 내려와서 첨성대가 된 것이랍니다.

그러니 첨성대의 이론경사각(기울기)은 자동으로 6각이 될겁니다. ~와! 하늘은 아니지만 저 높은 곳에서 떨어지긴 했네요~ㅎㅎ~

그럼, 첨성대로 와 봅시다.

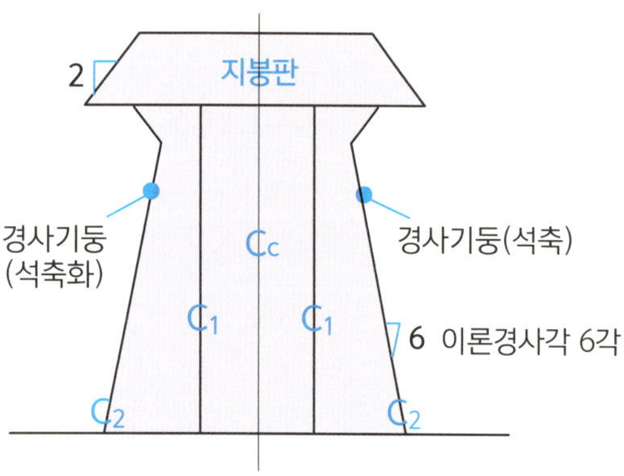


[그림 45] 첨성대의 석축이론 경사각: 6각
-9층탑 2관측소와 동일 경사각-

첨성대는 9층탑 2관측소에 비해서 경사기둥사이에 수직기둥인 C1 (1기둥)이 하나 더 있고(내부계단 설치를 위해서) 경사기둥이 그대로 내려와 있답니다.
그런데, 지상화되면서 이 경사기둥이 C2(2기둥)가 되면서 자동으로 석축이 된답니다. 일반탑의 기본개념인 몸통부를 석축이 감싼다는 개념이겠죠.

그리고, 석축을 쌓다보니 발코니는 쓸모가 없으니 사라져 버린답니다. 그런데, 경사기둥으로 나무기둥은 문제가 없으나 석축이 되다보니 일직선이라 모양새도 그렇고 딱딱한 느낌도 조금 드실겁니다(목재 경사기둥은 독립부재이나 이 석축(방어 개념)은 기둥 개념이라기보다 외벽 개념으로 전체를 감싼답니다).
그래서, 신라인들이 기발한 아이디어(idea)를 하나 내었답니다.

참! 그 전에 이 첨성대 석축높이부터 먼저 알아야 이해가 쉬우실겁니다. 이 중요한 석축높이를 깜빡 잊어 먹을 뻔 했네요. 9층탑 석축높이가 9m랍니다.
저는 직감적(?)으로 첨성대 석축높이도 9m, 석굴암 dome 석축높이도 9m라는 걸 인지했답니다.
사실 어떤 근거도 없답니다.
신라인들이 9를 좋아하잖아요. 그래서 살짝 칸닝~ㅋㅋ~ 맞아야 될낀데!
아마도 이 석축높이가 9m라는 개념은 9층탑 석축높이에서 온 것도 같답니다.
첨성대 석축높이 9m를 넣어서 한번 그려봅시다.

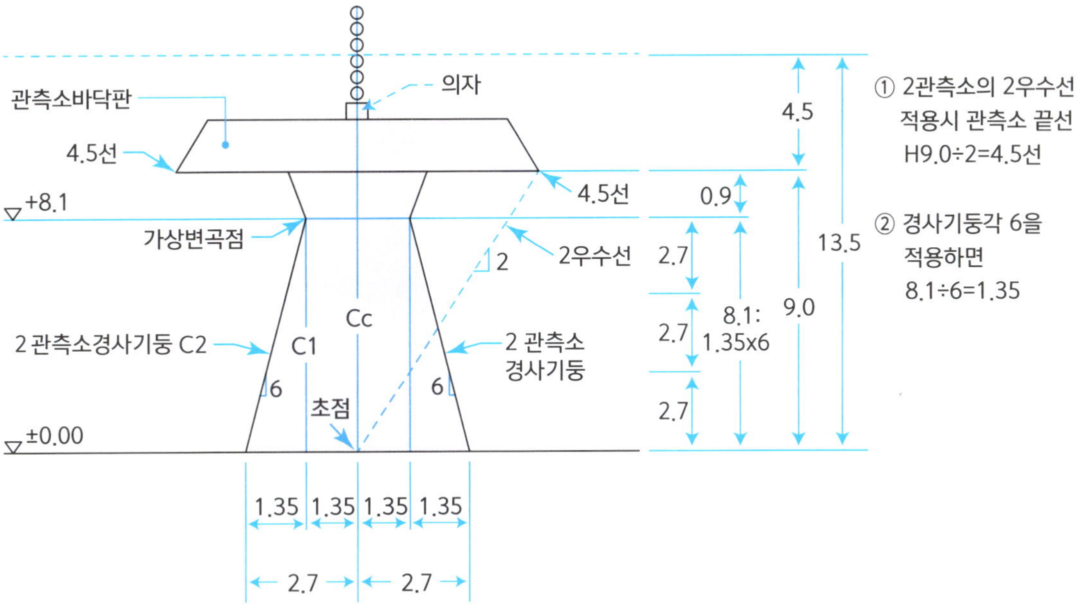


[그림 46] 첨성대 석축이론 높이개념
- core폭 2.7은 9층탑 2관측소 기준임 -

석축을 보시면 상부가 약간 벌어져 있는 상태랍니다. 저는 어릴 적에는 제법 벌어져 있는 걸로 기억을 하고 있는데, 최근에 다시 보니 그리 많이 벌어져 있는 것 같지는 않네요. 이 벌어진 높이를 0.9로 정하겠습니다. 그리고 내부로 기울어진 8.1m 높이에서 현 상태의 석축기울기를 자세히 보시면, 밑에서부터 약간 급한 경사로 올라가다가 어느 지점에서 안쪽으로 제법 꺾여서 어느 정도 가다가 또 어떤 지점에서 살짝 기울기가 약간 급해지는 걸 인지하실 겁니다. 아주 유심히 보셔야 보일락 말락 하실겁니다. 이 꺾이는 듯한 지점(변곡점: 꺾임점)까지의 각각의 높이를 간단히 8.1m의 1/3씩인 2.7m로 가정하겠습니다. 그런 다음, 지상 2.7m 높이에서 살짝 외부로 석축을 당겨내어서 현 석축의 기울기에 최대로 맞추어 보겠습니다.

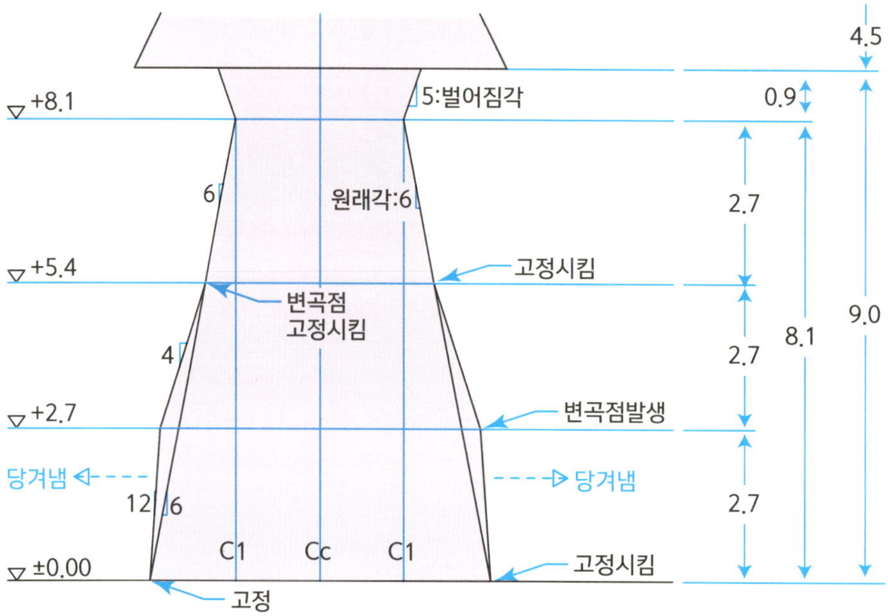


[그림 47] 이론경사각 개념
- 경사기둥을 ± 0.00과 +5.4는 고정시키고 +2.7을 외부로 당겨냄. -

그림에서 보시듯 ±0.00(첨성대 바닥)과 +5.4(바닥에서 5.4m 위)를 고정시키고 +2.7 높이에서 외부로 살짝 경사선을 당겨내면(0.225: 22.5cm), +2.7까지는 ⊿12(12각)가 되며 +2.7~+5.4까지는 ⊿4(4각)가, +5.4~+8.1까지는 원래 경사각인 6각(⊿6)이 그냥 경사각이 될 겁니다.
상부의 벌어진 날개기둥각을 5각(⊿5)으로 가정하겠습니다. 무려 4개의 이론경사각이 나오네요. 이 경사각을 다 더해 봅시다. ⊿5+⊿6+⊿4+⊿12=⊿27이 되네요(⊿는 경사각도를 의미할 뿐 계산시에는 무시하세요). 숫자의 합이 27이네요. 기분이 아주 좋은 숫자랍니다. 첨성대 석축도 27단으로 되어 있네요.

아무리 경사각이 있더라도 설마 석축이 일직선일 일은 없을 것이며 실제론 곡선화될 겁니다. 일직선인 경사각을 부드럽게 해야 할겁니다. 그래야 첨성대의 꽃이 되겠죠.

idea가 기똥차죠~ㅎㅎ~ 이 첨성대가 재미있는건 2관측소개념이 기본이면서도 1관측소에 있는 날개기둥도 있으며, 몸통부를 감싸주는 석축까지 있는 아주 복합적이며 재미있는 건축물이랍니다.

(2) 석축의 각단 높이

첨성대의 석축높이가 9m이고 27단이므로 이젠 석축의 각 단높이를 알아야 석축모양새를 아주 유연한 곡선으로 만들 수 있을 겁니다. 건물도 멋을 좀 낼 줄도 알아야겠죠~

그런데, 이 9m 높이인 27단의 각 단높이를 어떻게 알아낼 수가 있을까요?

AI(인공지능)를 동원할까요? 쪼께 쪽 팔리네요! 30단이면 금방 알아낼 겁니다.

9m÷30단=30cm ~하! 완전 산수네~ 그런데, 하필 왜 27단일까요? 덕만이 아지매(선덕여왕 27대王) 생각나네? 신라건축기사들은 헷갈리게 하는데 도사급이네요.

걱정하지 마이소. 저희들은 귀신잡는 해병들이잖아요. ~앗! 실수, 전 공병출신인디~ㅎㅎ~

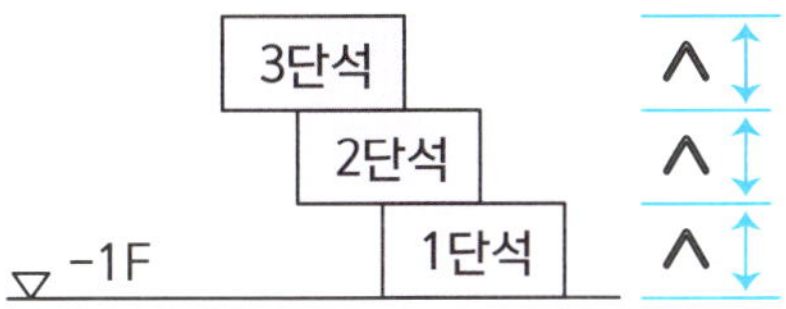


[그림 48] 밑으로 갈수록 두꺼워지는 단높이

신라인들이 풀었다면 저희들도 풀어낼 겁니다. 같이 한번 풀어볼까요. 완전 산수급이랍니다. 30단이 아니고 27단이라는 얘기는 단높이가 밑단으로 갈수록 두꺼워진다는 말일 겁니다. 바꾸어 말하면 윗단으로 갈수록 단높이가 줄어든다는 말이겠죠? 즉, 1단석> 2단석> 3단석... 이런 식이겠죠. 제일 밑에 있는 1단석이 제일 두껍고 2단석이 그 다음으로 두껍고 다음은 3단석... 이렇게 되는 것까지는 어떤 누구도 알아 낼 수가 있답니다.

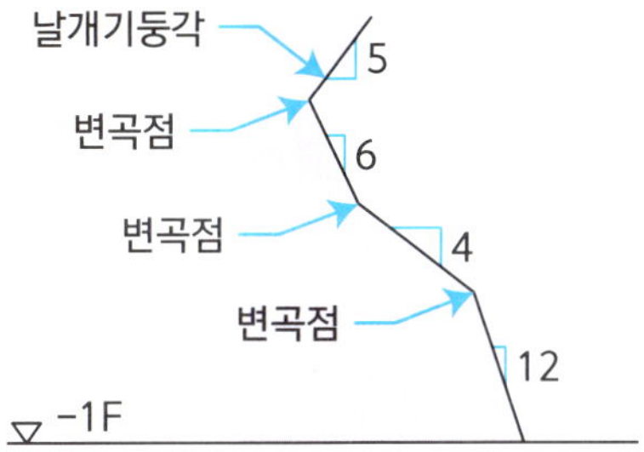


[그림 49] 첨성대 석축의 이론경사각

좌측 그림을 보시면 이론 경사각인 ⊿12,⊿4,⊿6까지는 경사각은 다를지라도 같은 방향으로 줄어들다가 날개기둥에서 갑자기 방향을 틀면서 반대방향으로 넓어진답니다. 이상한 생각이 안드시나요?

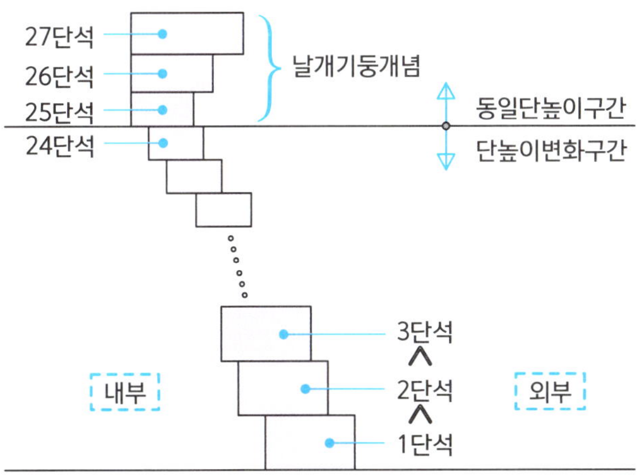


[그림 50] 단높이 변화개념

같은 방향으로 줄어들어야(건물폭이 줄어듬) 단높이를 줄일 수가 있는데, 건물폭이 도리어 넓어지는데 단높이가 줄어들게 되면 단이 얇아져서 무지 약하게 된답니다. 이런 거랍니다.

좌측을 보시면, 날개 기둥인 상부 3단은 내부는 일직선이며 윗단으로 갈수록 외부쪽으로 단폭이 도리어 늘어난답니다. 이럴 경우는 윗단의 단높이를 줄이면 구조적으로 문제가 생길 수 있으므로 상부 3단은 동일한 단높이인 30cm가 되어야 할 겁니다. 즉, 날개기둥 3단의 높이는

0.3x3=0.9가 된답니다.

이젠, 27단중 상부 3단은 해결이 되었답니다. 나머지 24단 높이는 9-0.9=8.1m랍니다. 이제는 8.1m 높이에 24단을 만들면 된답니다.

요건 아주 만만하실 겁니다. 같이 풀어볼까요, 신라탑의 기본숫자가 뭐라고 했죠? 생각나시나요? 숫자의 개념에서 보셨던 모든 칫수의 기본개념이 3,6,9로 3의 배수공법이라는 걸 기억하실 겁니다. 3의 배수숫자에는 단위가 없답니다. 단위를 부여해 볼까요. 3mm, 3cm, 3m... 8.1m 높이에 24단이므로 3cm, 3m는 지나치게 큰 숫자니까 뺍시다. 3mm가 마음에 딱 드네요. 25~27단이 30cm이니까 24단석은 30cm+3mm=0.303, 23단석은 0.306, 22단석은 0.309...

정리를 해 봅시다.

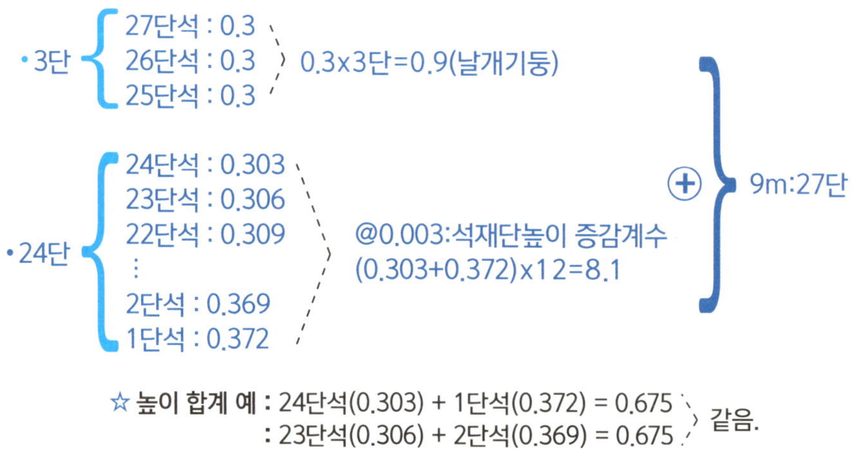


[표 4] 첨성대 석축의 단높이 개념

표에서 보시듯 1단석과 24단석의 높이 합과 2단석과 23단석의 높이 합이 같으므로 일일이 더하실 필요없이 24단석과 1단석의 합을 12단(24단÷2)으로 곱하시면 계산이 틀릴 일이 전혀 발생되지 않습니데이.

위에서 보셨듯이 25, 26, 27단의 3단의 두께는 각 단이 30cm로 동일높이로 석축개념에서는 기본단이랍니다. 이유는 석재폭이 넓어지기 때문이랍니다. 나머지 1~24단까지의 단두께는 증감계수 3mm가 된답니다.

그림으로도 살짝 볼까요.

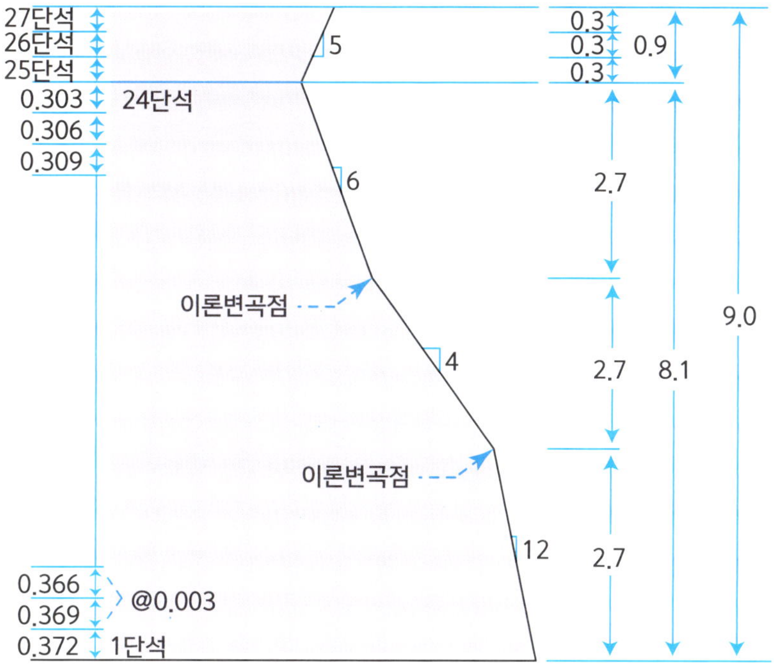


[그림 51] 첨성대 석축 각단높이

그리고, 제가 편의상 24단까지의 8.1m 높이를 3등분해서 2.7m라고 가정한 것이지만 실제의 석축높이는 다르답니다. 24단까지가 1·2·3석축으로 나누어지며 각 석축높이는 8단씩으로 구성이 되어 있답니다. 즉, 경사각⊿12,⊿4,⊿6,⊿5는 이해하기 쉽도록 이론적으로 구분하기 위해서 분류한 것이랍니다. 실제의 각 석축높이를 보실까요?

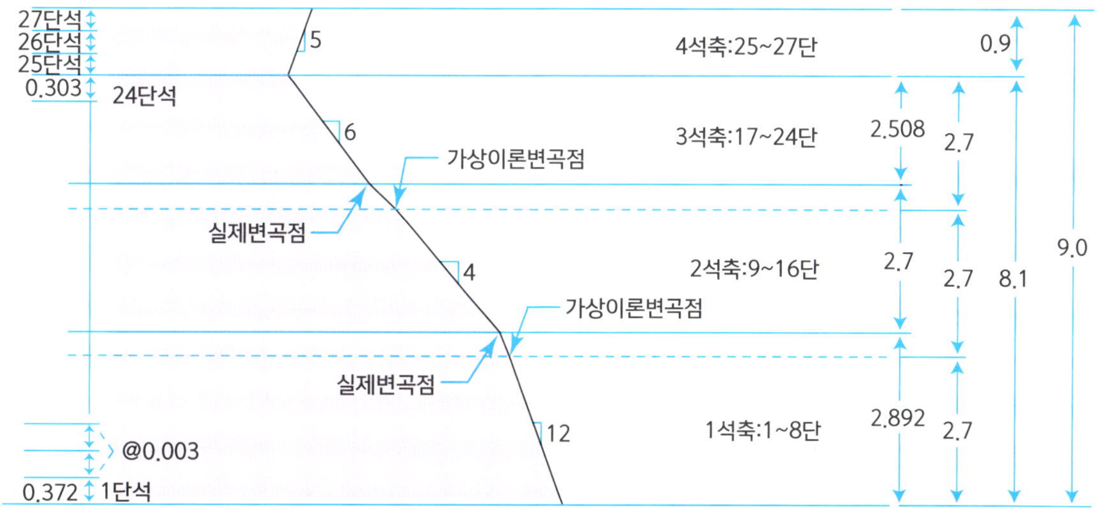


[그림 52] 첨성대 1·2·3·4석축높이 및 실제변곡점

보시듯이 4단 석축개념으로 실제 석축높이는 조금 다르답니다.

(3) 석축의 곡선화

머리도 식힐겸 한번쯤 생각해 보고 다음으로 넘어갑시다.

혹시 읽으시다가 이상한 생각이 드시지 않으셨는지요? 일반목탑이 8각형이며, 첨성대도 일반목탑이니 첨성대도 당연히 8각형일텐데, 왜 몸통부석축만 원 형태일까요! 왜 몸통부 석축이 원 형태인지를 알아내실 수 있으신 분 계시나요? 상식을 조금만 동원하면 되는디!

이건 저만 알고 있는(?) 영업비밀인데? 알으켜 드리면 밑천이 다 떨어지는데! 밑천 떨어지면 갱핀(개평)뜯으면 되지 뭐 ~ㅎㅎ~

이건 언뜻 생각이 잘 안나실 겁니다. 그런데 쉽게 생각해 보시면 생각이 나실 겁니다. 사각형통이 튼튼할까요, 원형통이 튼튼할까요? ~예! 원형통. 역시 똘똘 하시군요~ㅎㅎ~ 바로 정답은 거기에 있답니다. 구조형태에서 원이 제일 안정구조이기 때문일 겁니다. 석축은 8각형태로 쌓는 것보다 원 형태가 더 안정구조랍니다.

만약 8각형태로 쌓으면 중간중간에 부축벽(buttress)으로 받침벽을 만들어야 안전할 겁니다. 그만큼 내부사용공간이 줄어들겁니다. 원 형태는 원 자체가 부축벽 개념을 갖고 있으니 별도로 내부에서 받쳐줄 필요가 없답니다(이유는 각자 그림을 그려가면서 알아보세요). 그래도 첨성대 외부계단 내부쪽은 외부계단의 엄청난 하중으로 부축벽이 필요하답니다.

석굴암 내부가 원형인 것도 마찬가지 원리랍니다. 8각형 형태가 맞지만 부축벽을 설치해야 하므로 내부공간을 거의 사용할 수가 없답니다. 그래서 석굴암 지하층내부가 원 형태를 이루고 있는 것이랍니다. 신라인들이 이 원의 구조개념까지 알고 있었던 걸 보면 거의 도사급 수준이죠! 귀신급이라고요~ㅎㅎ~

첨성대의 석축몸통부가 왜 원 형태인지 가물가물 하시겠지만 조금은 이해가 되셨으리라 믿습니다! 머리 좀 식혔나요~ 땀이 더 난다꼬요~ㅎㅎ~

그럼, 이 석축을 어떻게 시공을 해야 직선을 곡선화시킬 수 있을까요? 그 시대에 어떻게 시공을 했는지는 알 수는 없지만 제 나름대로 이런식으로 하지 않았을까 해서 한번 풀어 봤답니다.

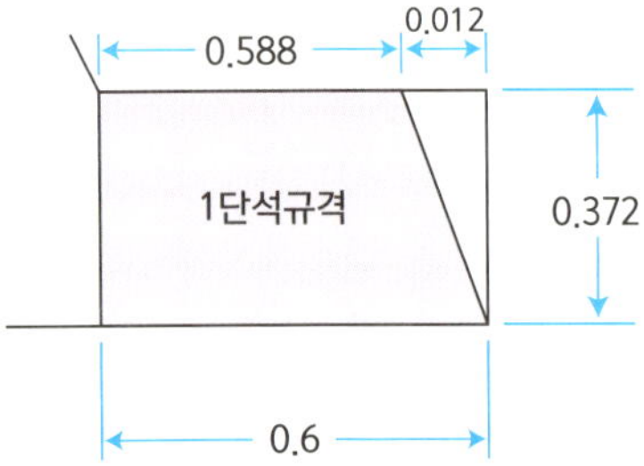


[그림 53] 1단석 규격

먼저, 1단석 하부폭을 60cm로 가정을 했답니다(저로서도 정확한 폭은 모르겠죠). 그리고, 각 단폭이 0.012 (1.2cm)씩 줄어들 것이라고 가정했답니다.

그러면 24단석 단폭은 0.6-0.012x24단=0.312가 될 겁니다. 그리고, 석축 외벽면이 줄어드는 칫수를 점층법으로 1석축의 각 단은 @0.003(3mm), 2석축의 각 단은 @0.009, 3석축은 @-0.009로 해봤답니다.

석축의 곡선형태를 한번 보실래요.

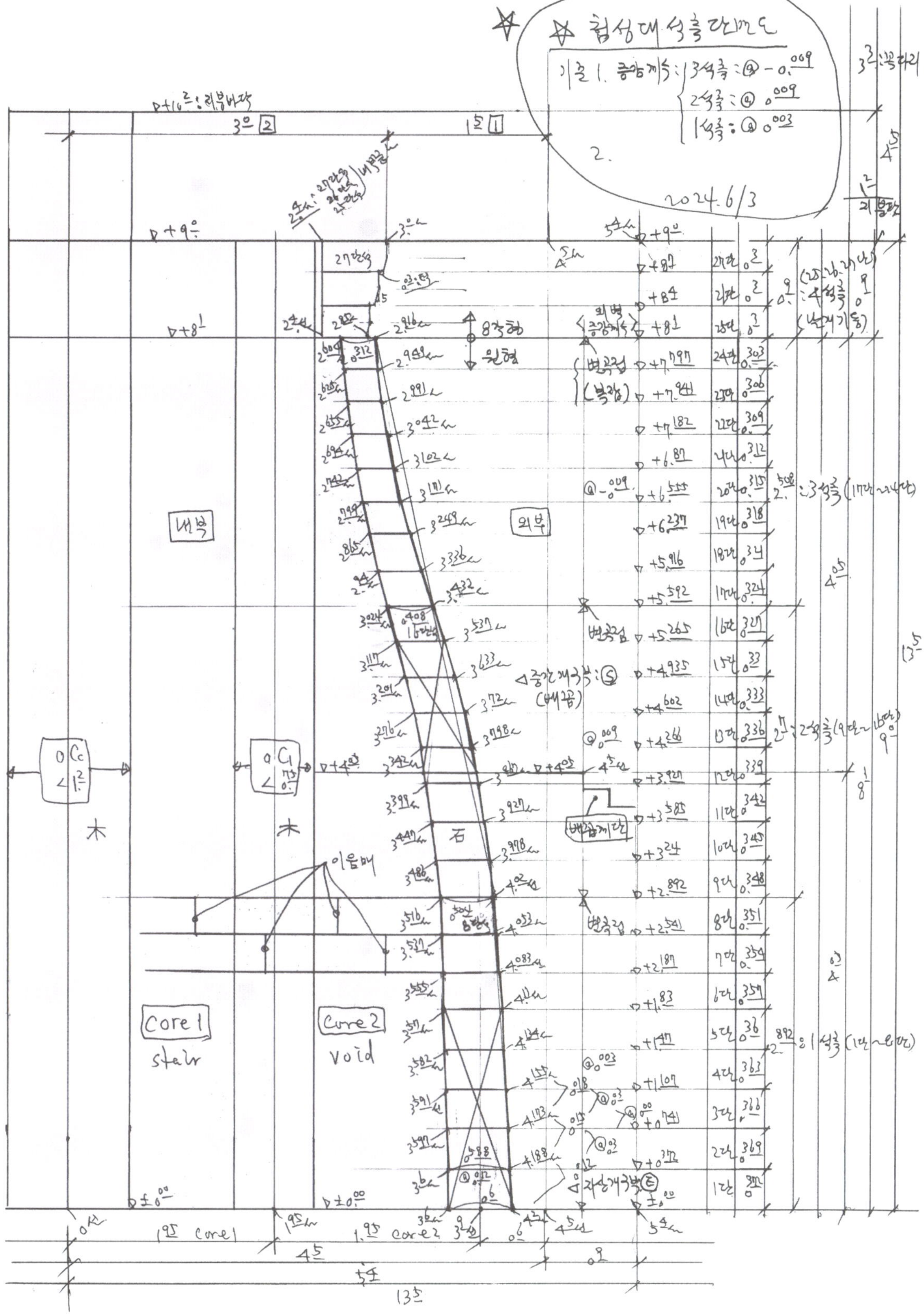


[그림 54] 첨성대 석축의 곡선 모습 * 후면(제일 뒷쪽) 원본도면 01 참조

곡선형태가 둥그스름하게 자연스러운 것 같나요. 제가 그림끈이 쪼께 짧네요. 이론경사기둥각이 직선이라 곡선화시키기 위해서 점층법을 사용해 봤으나 맞을 확률이 있을지는 미지수랍니다. 이 점층법은 동일 칫수법(직선에 가까움)과는 달리 좀 더 곡선화에 유리할 것 같아 생각해 본 거랍니다. 실제로도 보신 바와 같이 약간 곡선스럽죠.

이 점층법이라는 용어 자체가 적절한 표현법인지도 헷갈리네요. 이 점층법은 아주 간단하답니다. 한번 보실래요.

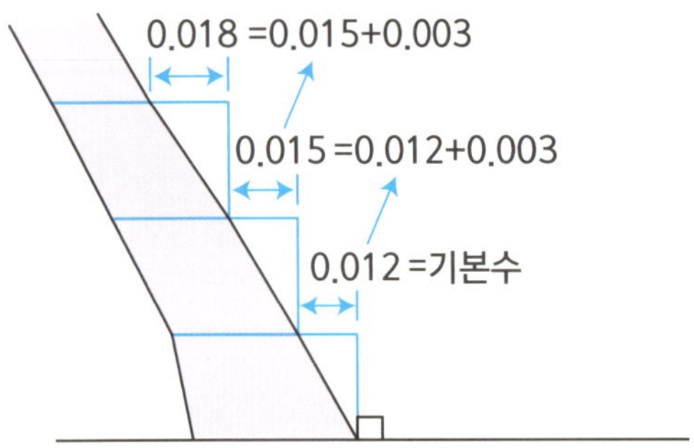


[그림 55] 적용 점층법 개념

줄어드는 칫수가 서서히 늘어나니 자연스런 곡선이 유도될 수 있을 것 같아 채택을 해 봤답니다. 혹시 곡선화에 대해서 잘 아시는 분이 계시면 한 수 알으켜 주십시오.

이제 석축의 전체 형태를 요약해서 잠깐만 보실래요.

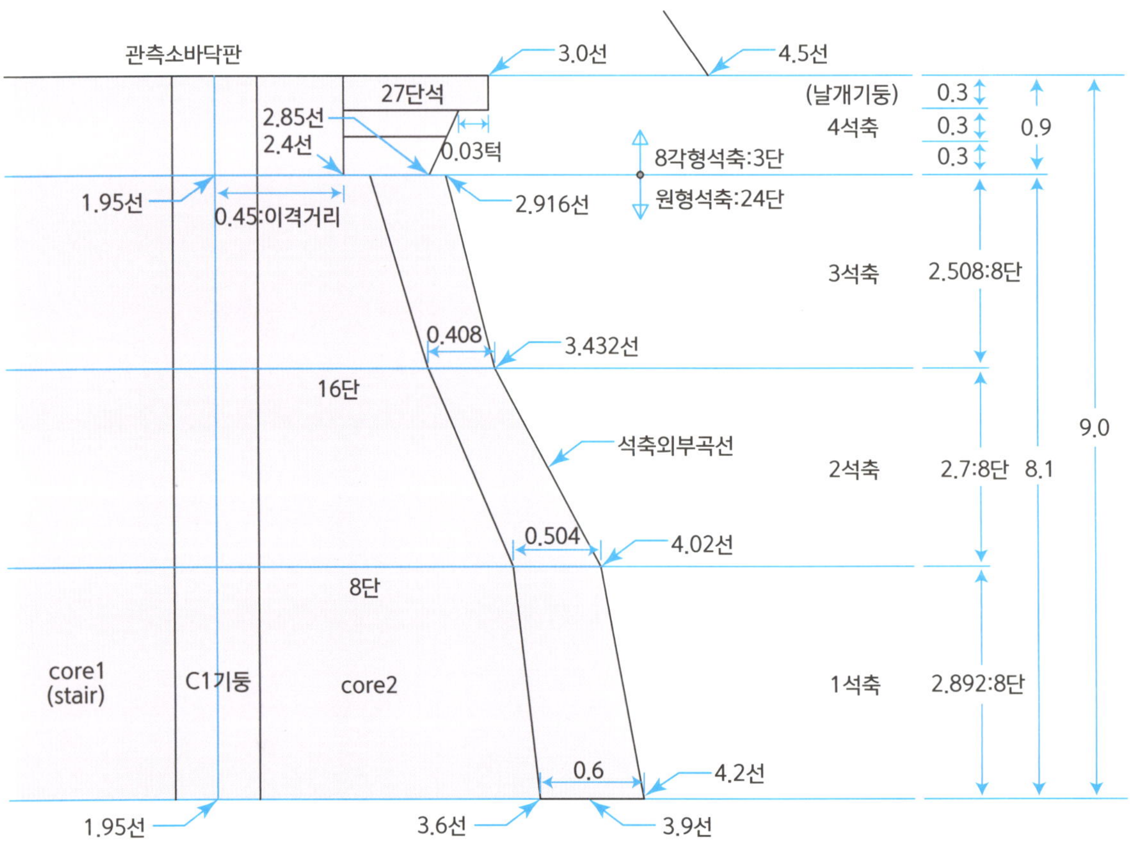


[그림 56] 첨성대 석축 외부끝선 개념도

경사기둥각은 단순이론이고 실제는 곡선형태가 된답니다. 윗그림을 보시면 24단까지는 몸통부가 원형이고 25~27단은 8각형석재단이 될 겁니다. 이 25~27단은 날개기둥 개념이므로 당연히 관측소지붕판을 약간이라도 보강해 줘야겠죠. 관측소지붕판이 8각형이니 날개기둥도 당연히 8각형석재단이 되어야 할겁니다.

혹시 첨성대를 원형(동그라미) 건물로 생각하십니까? 원형으로 보이니 당연히 원형건물이 맞다꼬요? 갑자기 머리가 쪼께 아파오기 시작하네요! 원형건물로 보일 뿐이지 앞에서도 말씀드렸듯이 건축개념상으로는 완벽한 8각형건물이랍니다. 혹시 석굴암 내부가 원형이라 원형건물일거라고 착각하시면 안됩니데이. 첨성대 외부석축면이 경사각 개념인데 곡선화되었듯이 8각형 내부가 원형화된 것 뿐이랍니다.

신라탑은 8각형이라고 들으셨을겁니다. 물론 첨성대의 기초판이나 2관측소바닥판도 당연히 8각형일 겁니다.

(4) 석축의 형상(상징성)

첨성대의 모양새를 보시면서 어떤 느낌을 받으셨는지요. 저는 이렇게 느꼈답니다

이쯤에서 제가 여담 한마디 해보겠습니다.

저는 탑을 풀면서 항상 노래방송을 틀어 놓는답니다. 귀가 심심할까봐! 물론 등 뒤에서 들릴 겁니다. 가끔씩은 화면을 볼 때도 있고 다른 방송을 보기도 한답니다. 한 방송만 들으면 지겹기도 하거든요. 어느 날인가 어떤 방송을 보다가 채널을 음악방송으로 돌렸답니다. 보는 순간 제가 까무라치게 놀랐답니다. 제가 무엇을 봤길래 까무라쳤을까요? 그냥 음악방송일 뿐인데? 궁금하시면 500냥! 먼저 본 방송은 한 단원이 끝나면 문화유적을 잠깐 보여준답니다. 제가 봤을 때는 첨성대를 보여주더랍니다. 첨성대를 보자마자 음악 채널로 돌렸는데 그 음악방송에서 무희들이 핫팬츠에 배꼽을 내어 놓고 춤을 추고 있더랍니다.

무희들의 배꼽을 보는 순간 '아! 그게 배꼽이었구나'라고 중얼거렸답니다. 과연 그게 무엇일까요? 떠오르는 뭔가가 있으실겁니다. 바로 첨성대의 개구부였답니다. 하! 제가 그리도 많이 봐 왔었는데 그걸 몰랐다니 웃음만이 나오더랍니다~ 돌대가리~ㅋㅋ~  네! 첨성대의 그 개구부는 바로 배꼽이랍니다. 당시 상황을 보실까요!

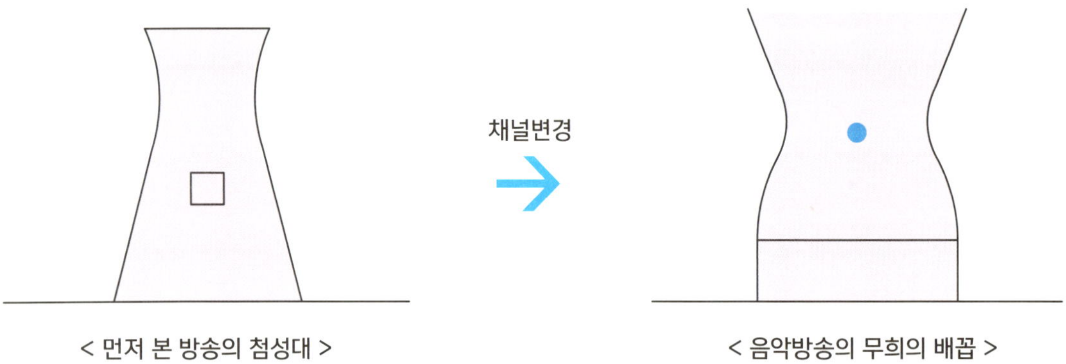


[그림 57] 첨성대의 개구부: 배꼽?

뭔가가 와 닿으시는게 없으신지요? 정확하게 일치한답니다. 바로 저희들이 알고 있는 잔상효과라는 것이겠죠. 이 잔상효과로 첨성대의 실체를 완전히 이해하기 시작했답니다.

그럼, 이 배꼽의 주인공은 누구일까요? 남자라꼬요~ 설마!~ 바로 여성의 엉디에서 가슴까지의 형상이랍니다. 바로 이것이 첨성대의 정체랍니다. 다시 한번 첨성대를 봐 보십시오. 분명히 보이실 겁니다. 그런데, 현재 상태의 첨성대 폭이 어떤 과정(보수 등)에서 많이 줄어든 상태이므로 보실 때에는 폭이 조금 더 넓다고 보시면 금방 인지하실 수가 있답니다. 바로 다산을 기원하는 구조물형태로 만들어 국민들이 많은 자녀를 낳으라는 뜻이겠죠. 첨성대가 다산기원 측면에서 보면 민간신앙 개념이 무척 강하답니다. 보셨듯이 신라인들은 아주 해학적인 분들이셨든 것 같답니다.

토우 등을 보면 너무 해학적이라 웃음이 절로 나오죠. 관측소인 첨성대 형상을 여성형상으로 표현한 것도 해학이 철철 흘러넘치는 신라인들의 기품과도 닮았네요. 해학적이면서 민간신앙개념도 같이 갖고 있는 재미있는 건축물이랍니다. 앞으로 첨성대 개구부를 배꼽문이라 부를 것이며, 외부계단은 자동으로 배꼽계단이 될 겁니다.

그런데, 이 여성형상이 처녀일 확률이 높을까요, 아님 아지매일 확률이 높을까요? 엉디각도를 조절해서 처녀화시킬려고도 무척 노력(?)도 많이 해 봤는데, 아무리 노력해봐도 아지매 엉디가 되더랍니다. 그래도 S-line 하나는 끝내준답니다 ~ㅎㅎ~

이제는 이 첨성대의 실체를 아셨을겁니다. 관측도 하고 다산을 비는 다목적구조물 이랍니다. 관측은 주로 청소년들이나 여성들을 위한 교습소정도의 수준일 겁니다.

너무 낮아서 관측하기는 조금 그렇네요. 앞으로 첨성대에 가실 때에는 초 한자루 정도는 가지고 가셔서 불 밝히고 비십시오. 그럼, 아들딸 팡팡 잘 낳으실 겁니다.

## 4. 외부계단(배꼽계단)

(1) 배꼽계단 개념

이제 외부계단을 배꼽계단이라 불러도 되겠지요. 드디어 정식 이름을 찾았네요!
이 배꼽계단의 길이를 알아야 첨성대의 폭을 알아내겠죠. 몸통부와 외부계단을 합쳐야 첨성대 폭이 나올겁니다. 첨성대는 4방향 외부계단이 아니라 외외부계단(한쪽에만 계단이 있음)이랍니다. 이 외부계단도 엄밀히는 석축에 포함될 겁니다. 외부계단 형식을 보실까요.

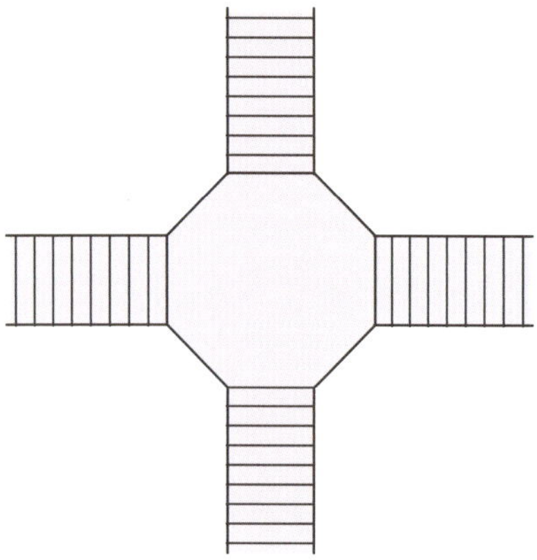

[그림 58] 4방향 외부 계단
- 1~9층탑, 다보탑 포함 -

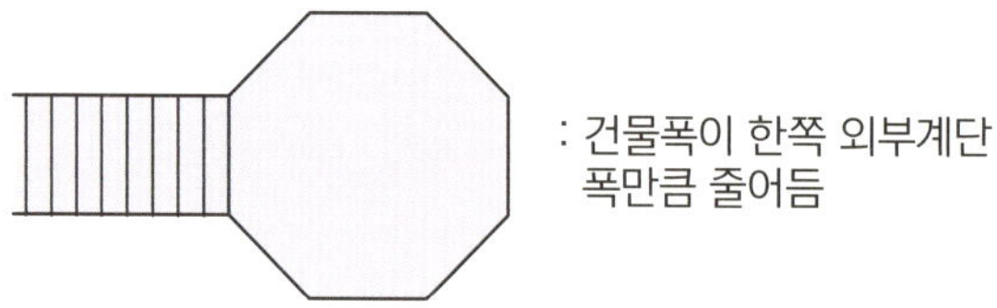


[그림 59] 1방향 외부계단: 외 외부계단
- 첨성대, 석굴암 -

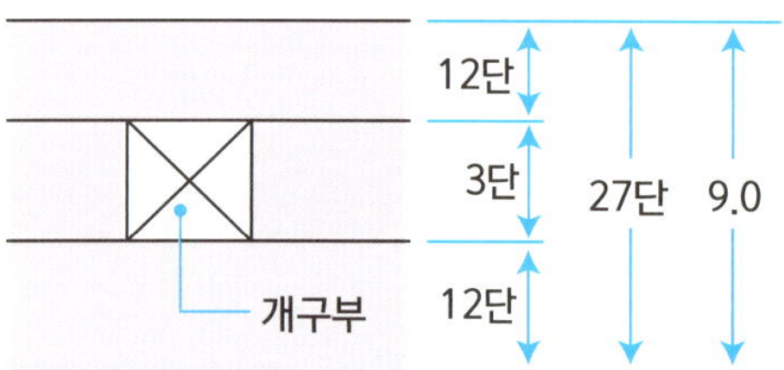


[그림 60] 첨성대 개구부 위치

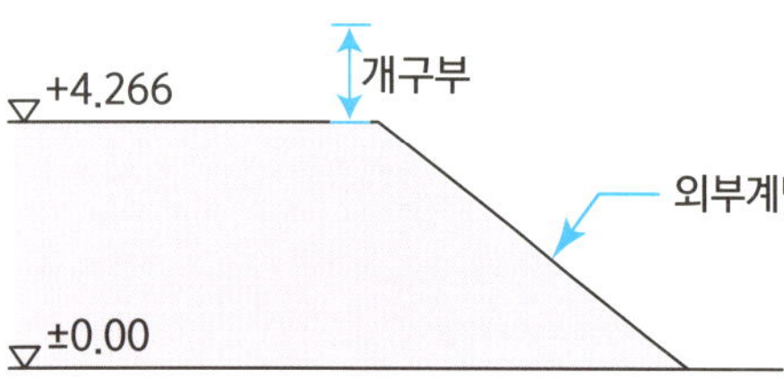


[그림 61] 첨성대 외부계단 가상선

이 배꼽계단을 풀려면 무엇부터 알아봐야 할까요.
'배꼽' ~하! 바로 정답입니다~ 손발이 척척 맞네요~ 배꼽계단을 푸셔야 하니 당연히 배꼽부터 어떻게 생긴 놈인지 확인해 보셔야겠죠. 배꼽위치부터 알아봅시다.
어디에 낑겨 있는지? 개구부를 보시면 27단중에 상하 12단사이에 3단을 차지하고 있답니다. 제가 잘못 봤나? 다시 확인해 보니 맞는 것 같네요. 이 개구부 외부계단은 개구부 높이와 같거나 약간은 낮은 듯한게 좋을겁니다. 이것도 아닌가? 석축의 각단 높이를 알고 있으니 12단까지 높이는 눕어 떡먹기겠죠, +4.266이네. 그럼, 계단 높이는 +4.266 밑에 있을겁니다. 뭔지는 모르겠으나 가상계단선은 그어졌답니다. 그런데 뭔가 한 개가 빠진것 같은 허전한 느낌이 들지 않으세요.

뭐지? 바로 그거겠죠. 단높이를 알아야 할 겁니다. 계단단높이를 모르고서야 어떻게 계단을 만들수 있나요. ramp(경사진입로) 처리하자꼬요? 그렇다면, 전 아예 미끄럼틀로 만들까 생각중이랍니다. 단높이를 어떻게 알아내죠? 기억을 되살려 내셔야죠.

혹시 공통수라는 말 기억나시나요? 예! 바로 이 공통수(C)를 알아내야만 계단단높이를 알 수가 있답니다. 근데, 참 난감하게 생겼답니다. 경사기둥 1개가 있었기는 한데 이놈의 경사각이 지멋대로 경사각을 바꿔버렸으니 어느 놈을 선택해야 하죠? ⊿12, ⊿4, ⊿6, ⊿5 이렇게 물경 4개나 있답니다. 최소한 한개라도 알아야 공통수를 알 수가 있겠죠. 간단하답니다. 2관측소의 주경사기둥은 6각(⊿6)이라 했잖아요. 그럼 답은 아주 간단하답니다. 경사기둥이 지상으로 내려왔으니 지상의 경사기둥각이 될겁니다.

그럼, 가상처마각은 1이 적은 5각(⊿5)이 될 겁니다(이 가상처마각이 경사기둥각보다 1이 적다는 것은 방정식을 유도하여 수학적으로 증명이 가능하답니다. 희한하죠!).

그러면, 공통수는 자동으로 계산이 되겠죠.

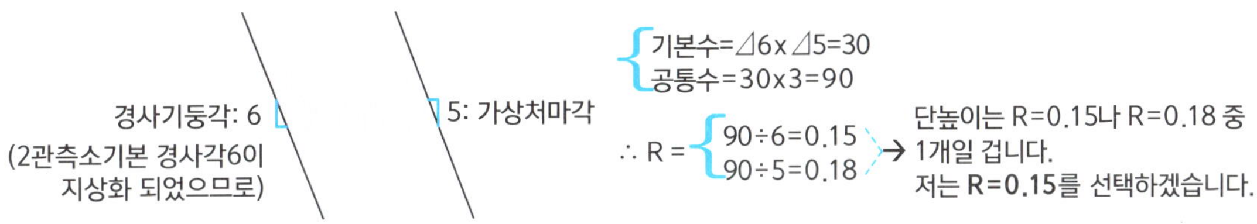


[그림 62] 공통수 계산

가능한 단높이는 15cm와 18cm가 나올겁니다. 나눔수 6이 짝수이므로 단높이 R=15cm가 된답니다. 이젠 계단을 풀기만 하면 된답니다. 그런데 개구부 밑 12단 높이인 4.266 바로 밑정수는 4.2와 4.05 정도가 있답니다. 4.2=28x0.15(1R)=28단, 4.05=27xR(0.15)=27단으로 계단 단수가 28단과 27단이 있답니다.

원래 외부계단단수는 짝수인 28단이 일반적인데 저는 27단 (+4.05)을 선택하겠습니다.
왜냐구요? 첨성대는 이상하리 만큼 27이라는 숫자로 똘똘뭉쳐 있거들랑요. 덕만이 아지매가 27대왕이라서 그런가?
보실까요. 탑높이 13.5=27x0.5, 석축단수 27단 이런식이죠. 그래서 외부계단단수도 27단으로 하겠습니다.

첨성대 높이 칫수를 한 번 봅시다.

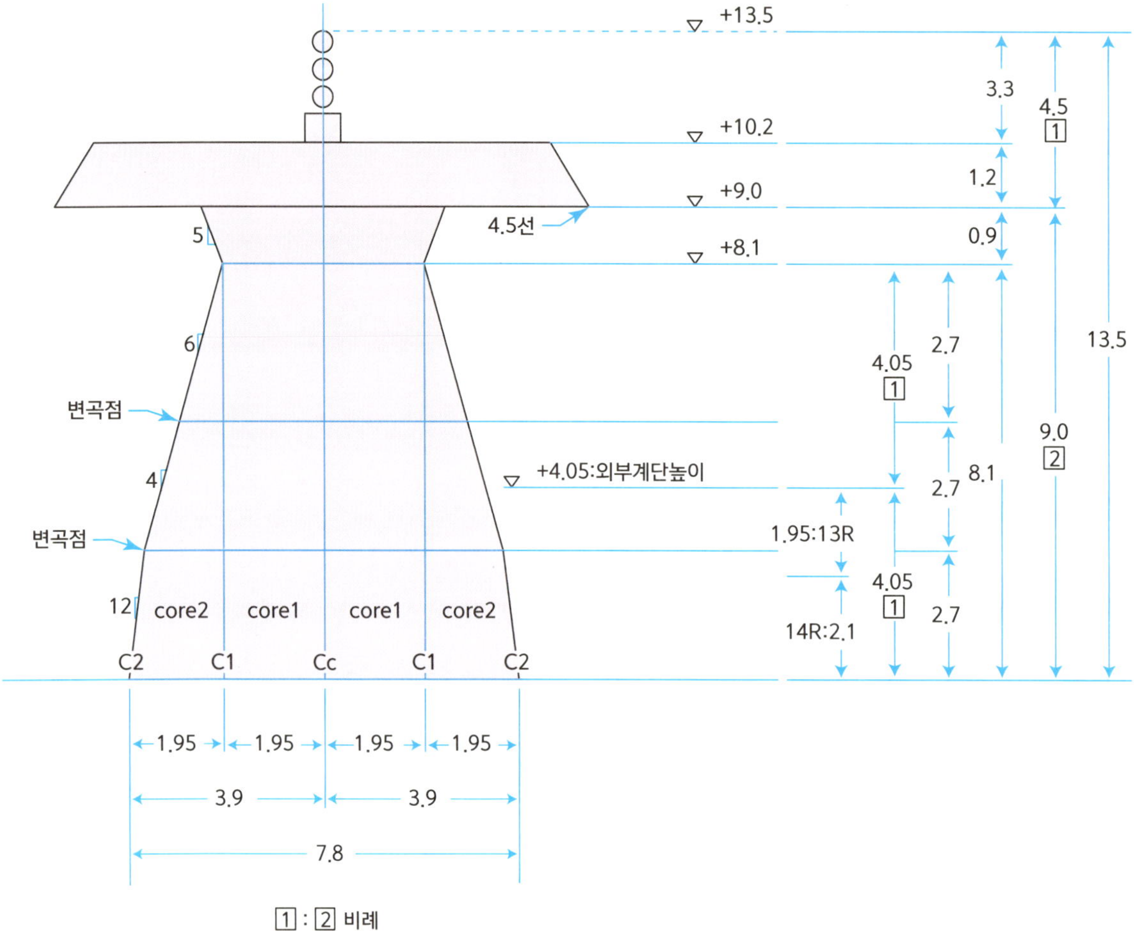


[그림 63] 첨성대 높이 치수 개념도

신라탑을 보시면 주요 큰 칫수는 어떤 비례법칙이 있는 것이 제법 있답니다. 즉,[1]:[2]가 되었든[1]:[1]이 되었든 잘 보이지는 않지만 숨어있는 경우가 있답니다. 윗그림의 칫수에서[1]:[2]는 석축 윗쪽이 [1]이며 석축이 [2]가 된답니다. [1]:[1]은 3석축까지 높이 8.1의 반인 4.05로 외부계단 높이가 [1]이며 외부계단 위가 [1]이 된답니다. 숫자가 뭐가 맞을지 헷갈릴 시는 그냥 눈 딱감고 비율로 넣으시면, 지가 알아서 저절로 맞을 때도 있답니다. 위에서 보셨듯 [1]:[1]비율을 유지하기 위해서 저는 외부계단 높이를 4.05로 했답니다. 또한 이 4.05는 4.5C(공통수 C=0.9)로 첨성대의 가상기초판개념도 동시에 갖고 있답니다.

배꼽계단을 한번 그려보겠습니다.

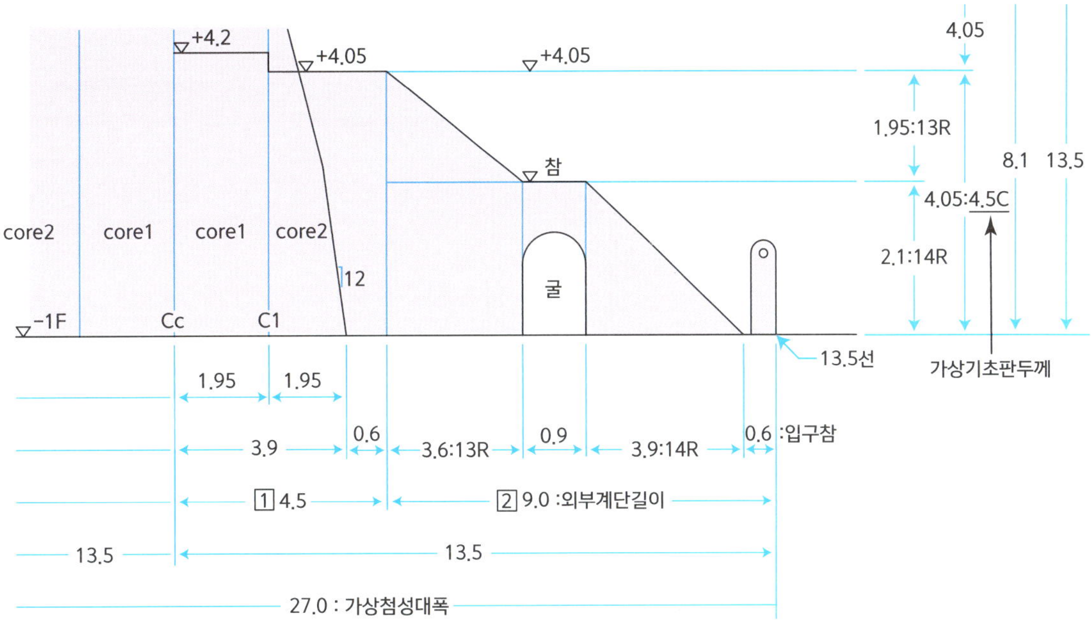


[그림 64] 첨성대 외부계단

(2) 어린이 놀이터 같은 느낌을 주는 첨성대

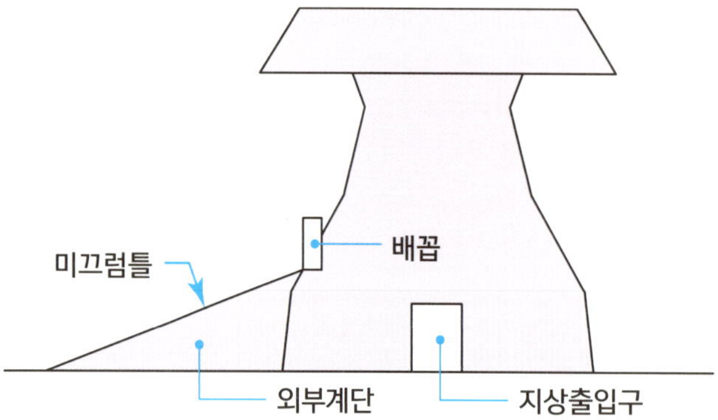


[그림 65] 미끄럼틀같은(?) 첨성대외부계단

재미있는(?) 상상하나 해 볼까요?

저는 외부계단을 넣은 첨성대의 입면도를 보는 순간 이 외부계단이 꼭 어린이놀이터에 있는 미끄럼틀 같이 느껴지더랍니다. 제 마음이 어려서(?) 그렇게 보이나? 보실까요. 1층 출입구로 들어가 배꼽문으로 나와서 미끄럼틀을 이용하든가 아니면 지붕판에 올라가서 실컷 놀다가 내려오면서 미끄럼을 타면 아주 재미있을 것 같더랍니다. 물론 계단이라 미끄럼까지는 탈 수야 없겠지만 애들이 마음대로 뛰어놀 수 있는 아주 훌륭한 놀이기구가 될 수 있답니다.

개인적으로는 이 첨성대를 전국 각지의 어린이 놀이터에 세워서 애들이 마음대로 놀 수 있게 했으면 좋겠답니다. 물론 배꼽계단을 당연히 미끄럼틀로 바꾸어야겠지요.

하여튼 첨성대를 풀다 보면 애들이 무지 좋아하는 구조형태랍니다. 애들은 기어가거나 좁은 곳을 좋아하거들랑요! 제생각인가. 야튼 첨성대는 엄마들이 애들 데리고 놀러오면 딱 좋은 곳이랍니다. 다산기원과 애들 놀이터가 동시에 해결되거들랑요,

또한 관측교습소까지 있으니 금상첨화랍니다. 상상이 그럴 듯한가요!

(3) 줄계단(줄어드는 계단)

이 배꼽계단이 재미있는 것이 계단폭을 3.0m의 같은 폭으로 곧게 상부까지 올라갈 수도 있지만, 계단상부의 몸통부(허리쪽)가 좁아들므로 상부계단폭을 조금만(30cm) 좁히면 아주 보기 좋은 계단이 될 것 같답니다. 한번 보실까요.

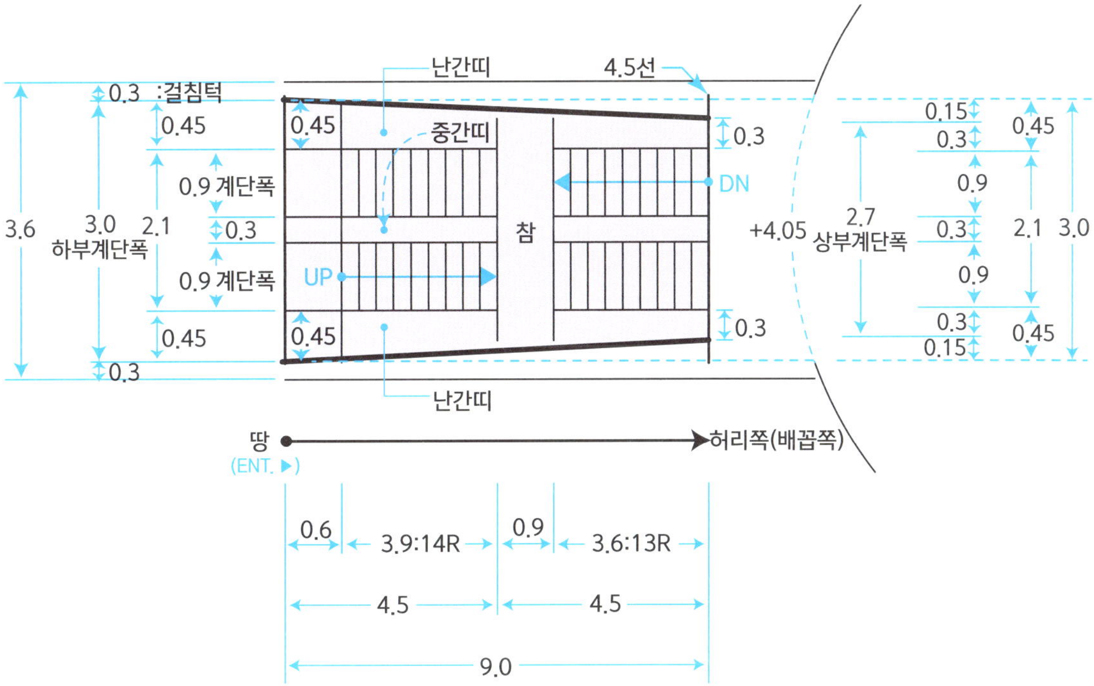


[그림 66] 첨성대의 배꼽계단 – 상부가 30cm 줄어듬(줄계단?)

계단을 보시면 두개의 계단(오르내림계단)이 있으며 양날개에 난간설치를 위한 난간띠가 있으며, 중간에는 오름과 내림을 분리시켜주는 분리개념의 중간띠가 있답니다. 오르내림계단 중 우측은 올라가는 계단이며 좌측은 내려오는 계단이 된답니다(우회전 법칙). 이 줄계단(줄어드는 계단)의 기본개념은 실제 사용하는 부위의 폭은 동일한데, 양쪽의 난간띠 폭이 하부는 45cm로 넓으며 상부는 30cm로 15cm씩 줄어든다는 개념이랍니다. 계단상부쪽이 몸통부의 허리쪽이라 허리가 홀쭉하니 모양상 줄어드는 것이 맞을 것 같아서 생각해 본 줄계단이랍니다.

시공이 조금 힘들지도 모르겠으나 모양상 몸통부의 허리쪽과 배꼽계단이 아주 잘 어울릴 것 같으며 사용상 아무런 문제도 없을 것 같답니다. 저 개인적으로는 사용조건(계단폭 90cm씩)이 동일하다면 계단상부를 허리곡선에 맞추어 줄이는 것이 더 좋을 것 같답니다.

아무튼 계단상부 폭이 줄어드는 계단을 저도 처음 본답니다. 근디, 줄계단(taper stair: 용어가 맞긴 맞나?)이란 건축용어가 있긴 있었나? 정가가 만들어 낸 용어(?)랍니다 ~ㅎㅎ~

줄계단의 idea가 그럴듯한가요! 한번 밀어붙여 볼까요 ~ㅎㅎ~

## 5. 첨성대의 높이와 폭

첨성대의 높이와 폭이 제일 먼저 나오는게 기본이지만 몸통부 폭과 외부계단 길이 등을 먼저 아시는게 도움이 될것 같아 순서가 조금 바뀌었네요.

(1) 첨성대 높이 계산법

제목이 거창하죠. 하도 싱거워서 제가 웃길려고 쓴 거랍니다. 실제로도 웃기기도 하지만 싱겁답니다. 첨성대 높이를 어떻게 하면 알아낼 수가 있을까요? 앞이 캄캄해 지신다구요! 이거 참 난리났네요? 3의 배수공법은 기억나실 겁니다. 차마 이건 잊어먹어 버리시진 않으셨겠죠. 3,6,9 생각나실 겁니다. 이 중에서 9가 제일 좋은 숫자라고 말씀드렸을 겁니다. 그리고, 건물높이이든 폭이든 반드시 숫자합이 9가 되어야 하며, 자(尺)로 환산해도 9가 되는 최소단위숫자가 27이라는 것도 이미 알고 계시답니다. 숫자 27→2+7=9. 27÷0.3=9'. 9'(9자)는 더해 볼 필요도 없이 그냥 9네요. 이 27에 단위를 부여하셔야죠, 2.7m로 하겠습니다.

탑 높이는 반드시 2.7(높이의 기본수)의 배수가 되어야 하니 한번 계산해 봅시다.

2.7×3 = 8.1
2.7×4 = 10.8 〉 와! 이리 낮노?
2.7×5 = 13.5 --- 요놈이 마음에 쏙 드네~ㅎㅎ~ 근디, 이것도 계산축에 낑가주나~ㅎㅎ~

1+3+5=9. 13.5÷0.3=45'⇒4+5=9. ~산수보다 더 쉽노~ ~ㅎㅎ~

이제 첨성대높이 13.5는 자동으로 나와 버렸네요. 혹시 마음에 안드시는 분 계시나요? 2.7m 더 높이자고요! 높여봤자 별로 쓰묵을 데가 없습니데이!

너무 웃기는 것은 신라탑에서 탑높이 푸는게 가장 쉽답니다. 예를 들면, 9층탑이 108m랍니다.

그럼, 자동으로 1~7층탑의 탑높이는 나오게 되어 있답니다. 사찰 목탑인 황룡사9층목탑이 67.5m랍니다. 그러면 자동으로 사찰목탑의 1~7층탑 높이는 지가 알아서 스스로 나온답니다~ 제가 자동화시스템을 도입해서, 완전자동으로 나오게 맹글어 놨거들랑요~~ 석탑류의 높이는 필요에 따라 증감됩니다.

이놈의 탑폭이 애를 많이 먹이는 놈이랍니다. 그나마 다행인 것은 일반목탑인 1~9층탑은 자동화시스템의 명령을 따른답니다. 이쁜 놈들이죠! 그런데, 사찰목탑이나 석탑류의 탑폭은 말을 잘 안들어 먹는 놈이네요. 이번 기회에 혼을 내줄까요? 혼낸다고 말을 잘 들어먹을 놈들이 아닌 것 같답니다. 경우의 수가 너무나도 많아서 생각하기에 따라 탑폭이 천차만별이랍니다.

그래도 가장 합리적이라고 생각되는 탑폭을 찾아내야겠지요.

(2) 첨성대 폭

너무 간단하겠죠. 한마디로 싱거울 겁니다.

그냥 몸통부와 외부계단(배꼽계단)을 합치면 자동으로 건물폭이 나올겁니다. 즉, 몸통부 반폭과 건물반폭을 더하면 된답니다. 이 두 놈을 합쳐 봅시다.

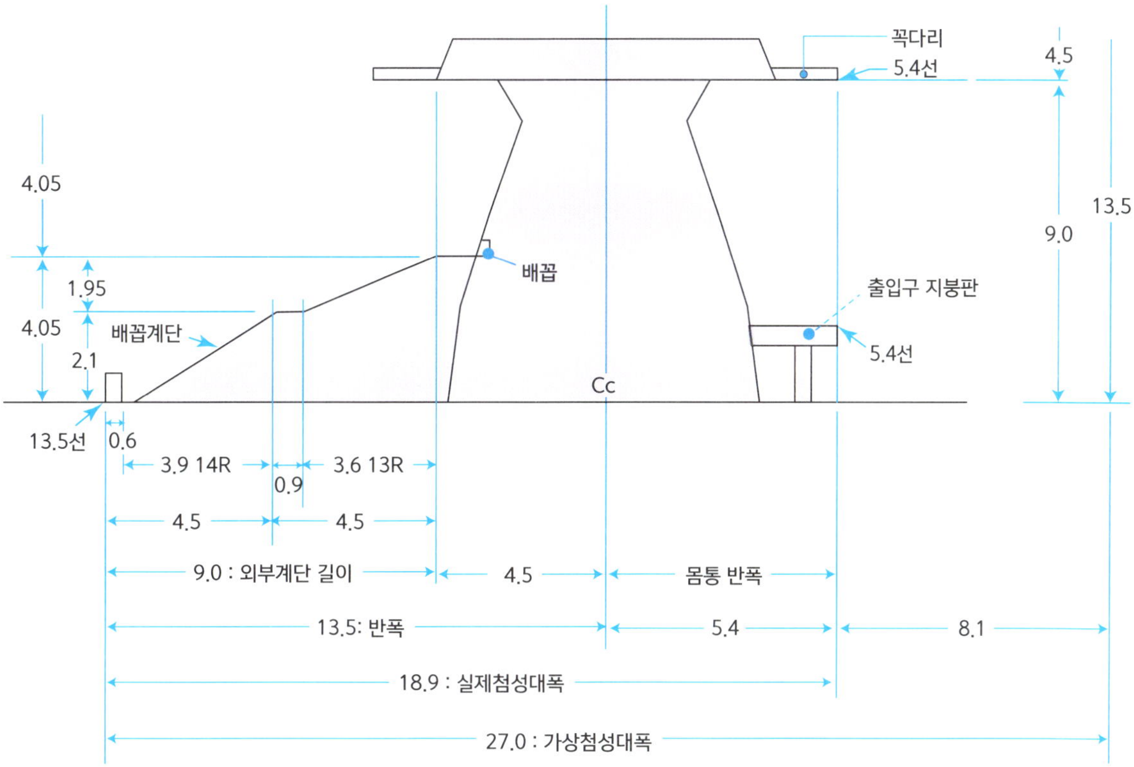


[그림 67] 첨성대 폭 개념도

첨성대 폭이 벌써 나왔네요. 18.9m네~ 눈깜짝할 사이네요~ㅎㅎ~

(3) 첨성대 높이와 폭의 비밀(첨성대의 규모계획)

첨성대 높이와 폭의 개념도를 잠깐 봅시다.

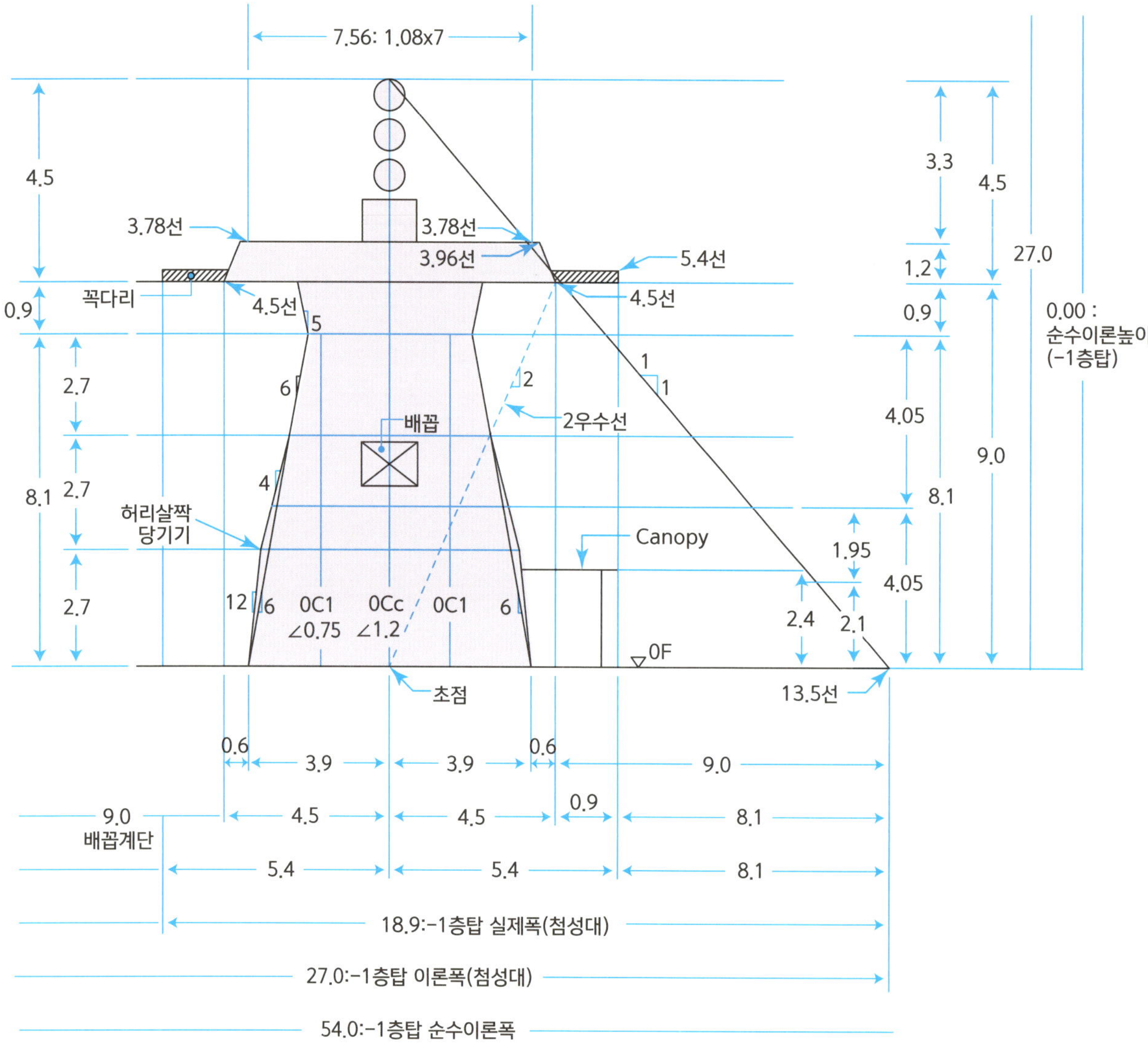


[그림 68] 첨성대 높이와 폭의 개념도

~ 와이리 비밀이 많노! 눈에는 잘 보이질 않으니~ 비밀일겁니다~ㅎㅎ~

그림에서 보시듯 첨성대(-1층 일반목탑)의 순수이론 규격은 W(폭) 54xH(높이) 0으로 폭만 있고 높이가 없으니 이론적으로는 성립이 되지 않는답니다. 있다면 첨탑(탑높이에 포함안 됨) 정도이겠죠. 그렇다면, 관측소를 살린 변형 -1층탑이라고 보시면 된답니다.

순수이론 규격을 우찌 알지?~ㅋㅋ~ 공부가 쪼께 필요하실듯! 조금전에 탑높이와 탑폭은 자동화시스템이 되어있다고 말씀을 드렸을텐데요~ 계산기를 두드려 보세요(탑분류표에서 탑

의 규격 참조하세요)

이 첨성대는 -1층탑이지만 수학적으로는 0층탑 건축물이랍니다. 어쩌면 관측소는 층수에 포함이 안 되어서 설치가 가능하다고 판단했을지도 모른답니다(그래도 관측소의 높이는 살아있답니다). 근데, 알 수 있는 방법은 없답니다?

이 첨성대의 높이와 폭이 희한한 것은 둘 다 홀수랍니다.

높이 = 13.5 = 2.7×5
폭 = 18.9 = 2.7×7
보시니 높이폭 기본수인 2.7에 5와 7이라는 곱수(곱하는 수)가 둘 다 홀수죠~ 신기하죠~

홀수(높이)+홀수(폭)=짝수라서 성립이 되나? 아니면, 이론적(?)으로 성립이 되지 않는 건물이라서 둘 다 홀수가 되었을까요? 제 대가리로는 잘 모르겠답니다. 탑높이에서는 홀수가 제법 있답니다. 황룡사9층목탑 높이도 67.5=2.7x25(홀수)로 묘하게 홀수네요. 그럼 이 두 탑은 탑높이가 홀수라는 공통점이 있긴 있나 보네요.

석탑에도 첨성대 높이와 같은 13.5m도 있답니다(감은사3층석탑 등). 그럼 첨성대가 혹시 종교건축물? 알 수 있는 방법이 없네요. 너무 홀수·짝수에 연연해 하지는 마세요. 신라사찰목탑은 묘하게도 탑 높이의 증감계수가 13.5(2.7x5 탑당 2개층 기준)라서 그렇답니다. 당연히 신라 7층사찰목탑 높이(54m)는 짝수가 나올겁니다. 그런데, 홀수든 짝수이든 아님 숫자자체이든 이 숫자는 굉장히 중요할 수도 있답니다. 어쩌면 이 숫자들에는 저희들이 전혀 인지하지 못하는 어떤 무엇인가를 내포하고 있을지 모르기 때문일 겁니다. 신라탑은 어떤 숫자의 조합으로 구성되어 있는 것 같답니다.

이쯤에서 신라건축기사들이 첨성대 규모계획을 어떻게 생각하고 접근했는지를 한번쯤은 생각해 봐야겠죠. 규모추정그림을 잠깐 그려봅시다.

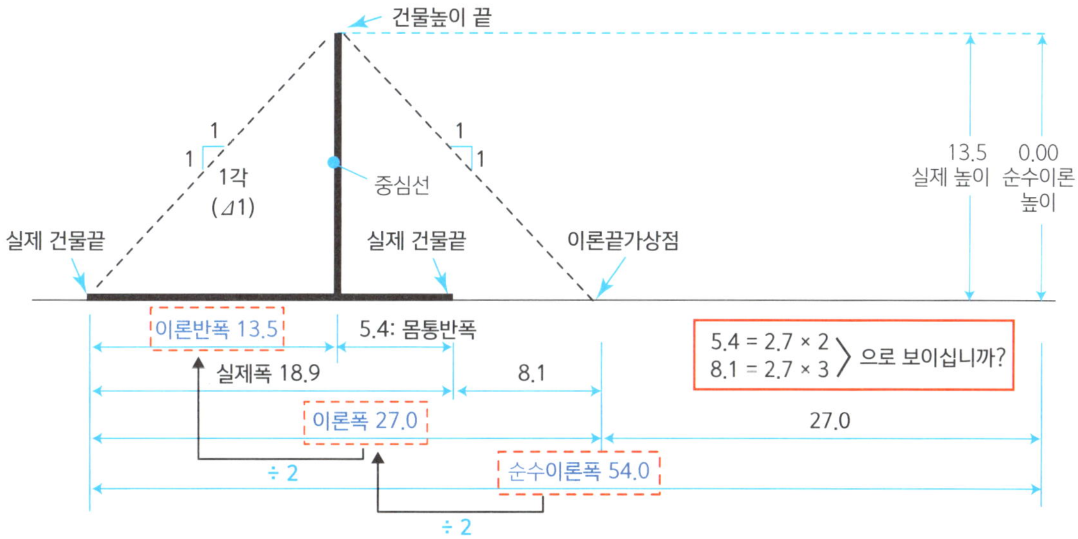


[그림 69] 첨성대규모: 이론 추정도

그림에서 보시듯 폭기준은 순수이론폭(54.0)의 반인 27.0을 이론폭으로 봤으며, 이론폭(27.0)의 반을 건물의 반폭(13.5)으로 생각한 것 같으며, 탑높이 기준은 건물의 반폭과 같은 13.5로 해서 건물폭 끝과 건물높이 끝을 1각(1:1)으로 한 것 같답니다. 반폭(13.5)과 탑 높이 (13.5)를 더해보면 묘하게도 27이 나올겁니다(13.5+13.5=27). 그러면, 첨성대 실제 폭은 27m가 되어야 맞지만, 외부계단이 한쪽(외외부계단)뿐이라 18.9(13.5+5.4)가 된 것으로 보인답니다. 자세히 보시면 27이라는 숫자가 전체를 지배하고 있답니다. 혹시 덕만이 아지매가 27대왕이라서 그럴까요? 아마 우연의 일치일 겁니다. ~모르죠, 건축기사가 인지하고 있었는지도!~ 신라인들이 이상적으로 생각했던 숫자가 27과 108(27x4)이라고 했잖아요. 첨성대규모 이론추정이 그럴싸 한가요!

혹시 위 칫수중 5.4와 8.1을 보시고 5.4=2.7x2, 8.1=2.7x3으로도 보이시는 분 계시나요?~ 보이시는 분은 이제 서서히 하산할 준비를 하셔야겠네요~ㅎㅎ~ 8.1이 9x9로도 보이신다구요~ 한술 더 뜨시는 분 같네요~ 5.4와 8.1로만 보이시는 분은 탑공부를 쪼게 더 하이소~ㅎㅎ~

이렇듯 개념파악을 하시면, 이론폭과 높이 등을 가정해서 새로운 탑에도 도전해 볼 수도 있답니다. 모든 것은 가정에서 출발하겠죠.

보셨듯, 이 첨성대는 다른 탑들도 마찬가지이긴 하나 유별나게 27이라는 숫자로 똘똘 뭉쳐 있답니다. 석축단수 27단, 외부계단단수 27단, 탑폭, 탑높이, 덕만이 아지매(27대王) 등 이겠죠. 그래서, 제가 이 첨성대에 별명(별칭)을 붙여드렸답니다.

너는 지금부터 '27탑'이야! ~ㅎㅎ~ 재미있죠!

## 6. 내부계단과 꼭대기문 계단

원래 계단을 묶어야 맞는데 배꼽계단(돌계단)은 지가 알아서 앞서 가버렸네요(탑폭을 풀어야 하니). 이 내부계단(나무계단. 디딤판은 통돌로 할 수도 있어요)을 이해하시려면 신라탑 계단의 기본개념을 아셔야만 이해할 수 있을 겁니다.

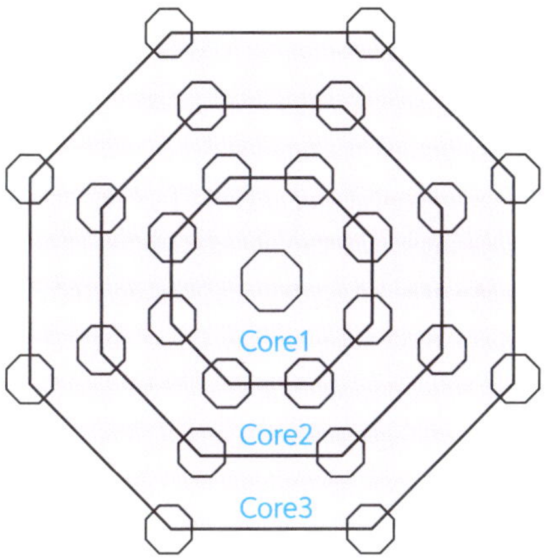


[그림 70] 일반탑의 Core(계단실) 개념

그림에서 보시듯 Core1·2·3으로 세개의 Core가 있네요. 전에도 잠깐 말씀드렸듯이 저층에서는 Core1이 계단실이 되며, 일반층에서는 Core2가 계단실이 되며, 관측소로 올라가면 Core1이 계단실이 되는 아주 재미있는 구조랍니다. 제가 탑풀이를 처음 시작할 때의 생각은 Core1만이 계단실일 거라 생각을 하고 접근을 했었는데 아무리 풀어봐도 풀리지가 않더랍니다. 이 계단과 경사기둥의 경사각을 풀지 못해서 탑풀기를 한 때 접었답니다.

명색이 건축기사라는 놈이 계단하나를 못푸니 쪽이 쫌 팔렸나 보네요! 몇 년이 흐른 뒤 운이 따랐는지 Core1만이 계단이 되는게 아니라 Core2·3도 계단이 될 수도 있다는 생각을 하게 되었죠. 이 간단한 생각하나가 신라탑에 서광을 비추어 주었답니다. 제가 대가리가 많이 나쁘긴 나쁘나 보네요. 이걸 알아내는데 몇년이나 걸렸으니~ㅋㅋ~

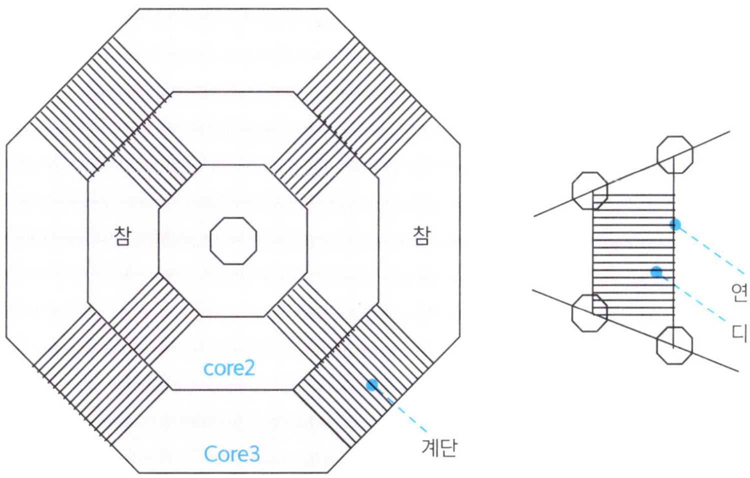


[그림 71] Core2와 Core3의 계단실
-연결보를 이용해 디딤판을 얹어 놓을 수 있슴-

Core2나 Core3의 계단은 일반적인 계단실형태랍니다. 보시듯 Core2와 Core3은 기둥과 기둥을 연결하여 보를 걸칠 수가 있으므로 아주 자연스럽게 디딤판을 얹을 수가 있답니다. 참고로,계단실(staircase)은 동서남북이 계단참(참)이 되며 대각선 4곳이 계단이랍니다. 재미있는 구조랍니다.

Core2&3과는 달리 이 Core1의 계단실은 묘하답니다. 보실까요,

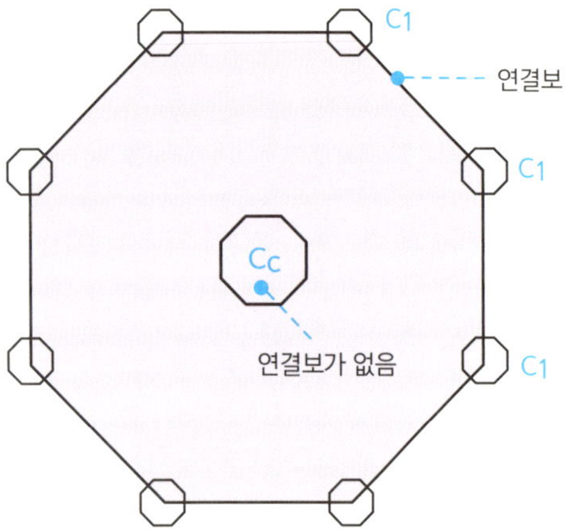


[그림 72] Core1 계단실구조

C1기둥과 C1기둥은 연결보가 있으므로 어쨌든 디딤판을 걸칠 수가 있는데, 중앙에는 중앙기둥(Cc) 한 놈만 달랑 있으니 연결보가 발생되지 않는답니다. 여러분은 어떻게 하면 이 Core1의 Cc(중앙기둥)에 보를 걸칠 수가 있을까요? 아주 간단하겠죠. 바로 중앙기둥에 직접 디딤판을 얹어 놓으면 된답니다. 보가 필요없겠죠. 그냥 간단히 상식적으로 생각하면 자동으로 모든 문제는 저절로 해결된답니다.

쉽게 얘기드리면 기둥이면서 보역할도 하면 된답니다. 근데, 이 중앙기둥이 좀 굵어야지 꼬장갱이같이 가늘면 디딤판 한 개도 못 얹을 수도 있답니다. 이 디딤판 폭(T)은 기본적으로 30cm랍니다. 30cm는 되어야 힘차게 밟고 올라가겠죠. 디딤판 폭(T)이 12cm밖에 안되면 올라가다가 발이 미끄러지는 순간 온몸이 찌릿찌릿 하실겁니다. 신라탑은 특이사항이 없으면 T=30cm가 기본원칙이랍니다. 명색이 계단인데 아무리 못해도 한 면에 몇 개의 디딤판은 얹어야 체면이 서겠죠. 그래서 이 기둥의 최소폭은 90cm가 될겁니다. 사실 이 90cm도 조금은 빡빡하답니다.

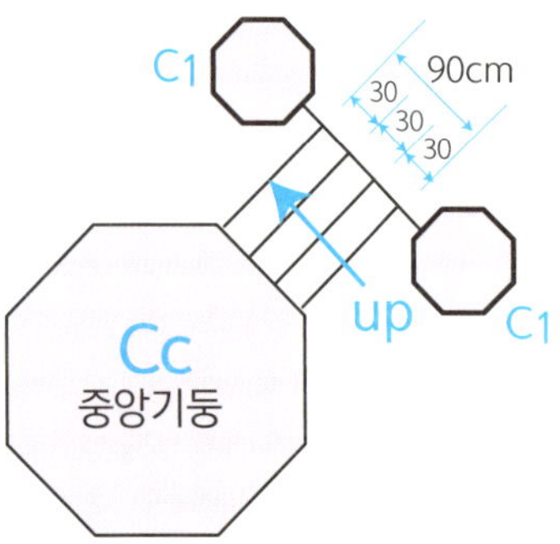


[그림 73] 중앙기둥 (Cc)의 최소폭개념: 90cm 이상

그려볼까요.

90cm÷30cm=3이 나오며 계단단수로는 3+1=4로 4계단이 나올겁니다. 올라가는 첫 단은 그냥 올라가니 한단은 번 셈이죠. 그런데, 문제가 하나 있을겁니다.

찾으셨는지요? 기둥에 디딤판을 걸치면 걸치는 순간에 디딤판이 밑으로 쑥 빠져 버리겠죠. 밥풀때기로 붙이자고요~ㅎㅎ! Good idea~

신라인들은 보통내기들이 아닙니데이. 대낮에 눈 뜨고 있어도 코베어가는 아지아들이랍니다? 그럼, 안빠지게 밑에서 뭔가로 받쳐 줘야 할겁니다.

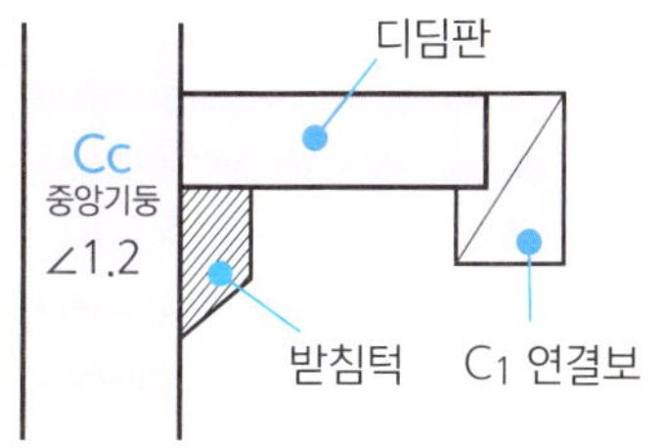


[그림 74] 중앙기둥의 디딤판받침턱

그림을 보시니, 디딤판이 쑥 빠지지는 않게 생겼네요. 첨성대의 Cc는 ∠1.2나 되는 무지 큰 기둥이랍니다. ∠1.2가 뭐였죠? ∠은 8각기둥을 의미할 겁니다. 즉, ∠1.2는 8각기둥으로 기둥폭이 1.2 라는 걸 의미한답니다.

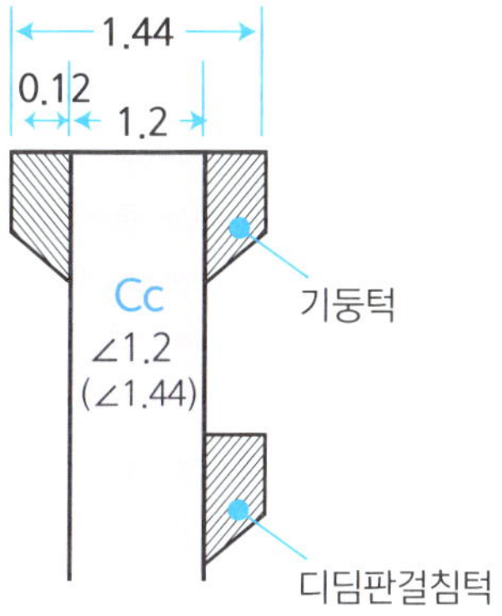


[그림 75] 실제 기둥턱 개념

∠1.2라고 기둥규격을 표기는 했지마는 실제 기둥규격은 ∠1.2x1.2배 = ∠1.44로 기둥폭이 무려 144cm나 된답니다. 보시듯 원래 기둥폭은 1.2m이지만 양쪽(필요부위)에 각각 12cm의 기둥턱 등을 낼 수 있게 되어 있어서 보를 걸치거나 인방을 걸치거나 디딤판 받침턱을 낼 수 있게 되어 있답니다. 놀라운 신라인들의 idea랍니다. 제가 신라인 따라 갈려다 가랭이 찢어질 뻔 했다니깐요~ 정말이에요... 거짓말~ㅎㅎ~ 우찌 알았지?~

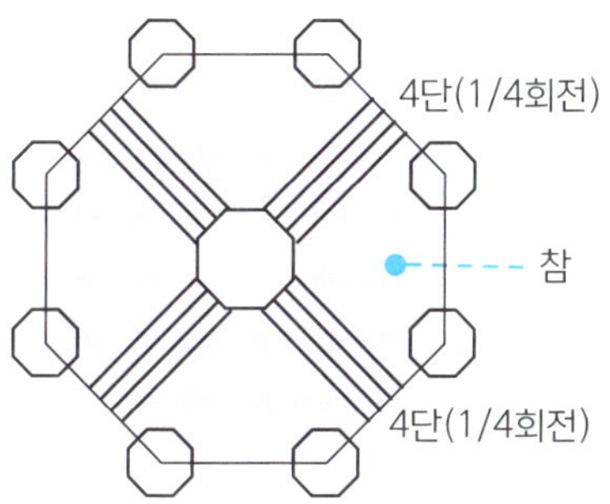


[그림 76] Core1 계단의 계단층고(1회전) 개념

첨성대가 2관측소이므로 당연히 계단실은 Core1일 겁니다.

근데, 이 Core1의 1면의 계단단수는 최대 4단이랍니다. 이 4단(1/4회전)을 4번 돌아야 계단층고(1회전)로 한개 층이 된답니다(일반층에도 층고가 있지만, 계단에도 계단층고가 있으며 또한 지붕간에도 지붕층고도 있답니다).
즉, 이 계단층고는 4단x4=16단이 나오겠죠.

첨성대의 단높이는 R=15cm 랍니다. ∴ 첨성대 계단층고=16단x15cm=240cm(2.4m)가 나온답니다. 계단층고 2.4m는 조금 낮은 편에 속한답니다. 머리까지는 아니더라도 약간은 조심해야겠죠. 그리고, 이 Core1 계단은 한 계단실에 올라가는 놈과 내려오는 놈이 같이 사용하므로 오르내릴 때 약간 주의가 필요하답니다. 그래도 계단폭이 1.95(195cm)라 서로 부딪히지는 않을 겁니다.

그리고, 전에 말씀드렸던 배꼽계단에서 올라오는 친구도 이 내부계단에 자연스럽게 연결되어야 동선이 자연스러울 겁니다. 각자 따로 올라가 볼까요? 한지점에서 자연스럽게 만나는지. 외부계단과 내부계단을 동시에 볼까요. 올라오는 내·외부계단의 목적지는 +4.2로 28단째

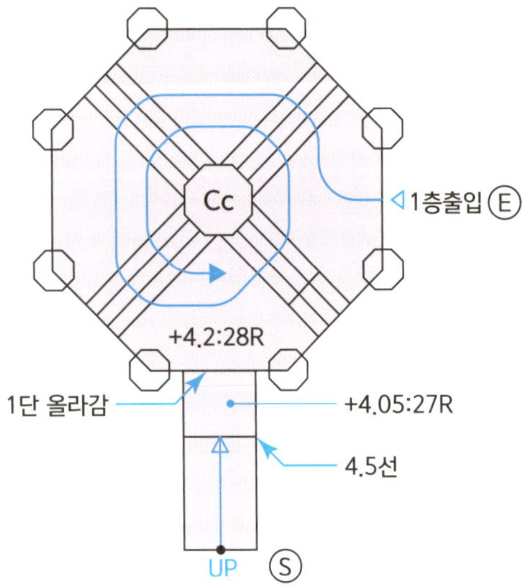


[그림 77] 첨성대 외부계단과 내부 계단의 자연스런 만남

랍니다. 1층 출입구는 동쪽일겁니다.
내부진입계단은 1¾회전하면 +4.2에 도착한답니다.
2.4(계단층고)x 1¾(회전)=4.2가 나오네요.
외부계단은 +4.05인 27단에 올라와서 숨한번 쉬시고 Core1로 1단 올라가시면 +4.2에 도착한답니다. 외부계단에서 올라오는 친구는 반드시 내부계단의 계단참에 자연스럽게 닿아야만 되겠죠. 그래야 관측소지붕까지 올라갈 수가 있을 겁니다.

첨성대 내부계단단면도를 한번 보실까요.

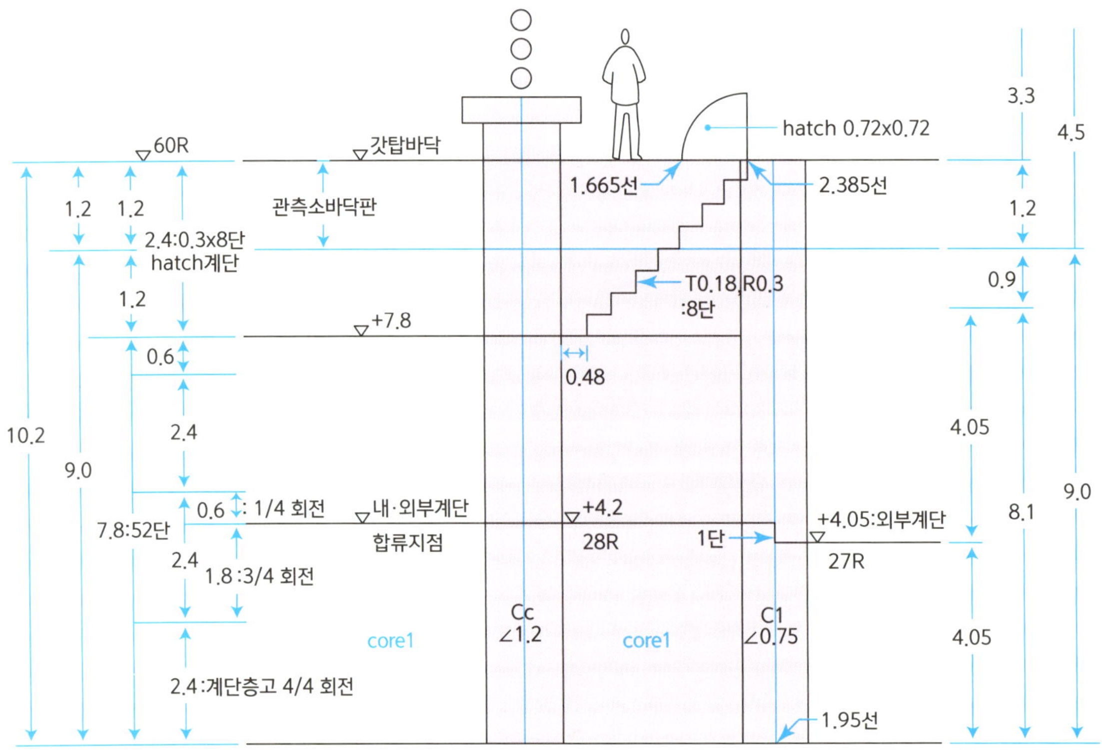


[그림 78] 첨성대 계단단면도

이제 내부계단 상부쪽에 있는 꼭대기문(hatch, 4각 수평문) 계단을 잠깐 봅시다. 신라탑은 제일 위쪽에 관측소바닥판이 있답니다. 그냥 올라가시다가는 바닥판에 부딪혀 올라갈 수가 없답니다. 현대의 건물은 옥탑을 만들어서 똑바로 서서 룰루랄라 올라갈 수가 있는데, 이 신라탑은 옥탑이라는 게 없어서 거의 기어서 간신히 올라가야 지붕바닥판에 갈 수가 있답니다. 지붕에 올라가기도 힘이 들기도 하지만 조심해서 올라가야 한답니다.

이 hatch(꼭대기문) 계단은 조금 가파르고 디딤판 폭이 너무 좁으므로 정신 바짝 차리고 올라가야만 된답니다. 앞쪽의 계단도면을 보시면 hatch 계단높이가 2.4m로 비교적 높은 편이랍니다. 첨성대의 총계단단수는 60단이 나오네요(신라탑의 총계단단수의 끝수는 0이 나오는 게 기본원칙이랍니다. 9층탑같은 경우는 640단으로 끝수가 0이겠죠).

hatch 계단평면도도 잠깐 봅시다. hatch 계단은 단폭(T)이 18cm, 단높이(R)가 30cm로 좀 가파른 계단이랍니다.

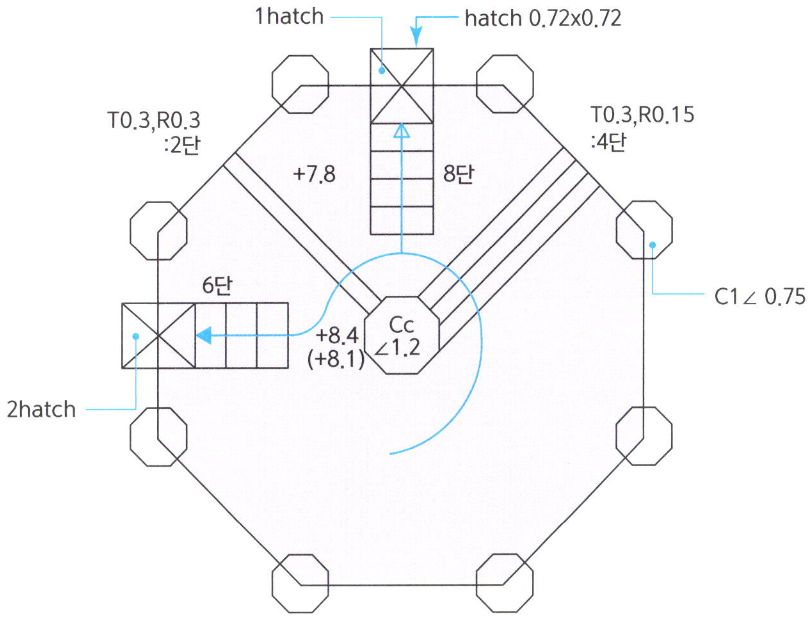


[그림 79] 첨성대 hatch 계단 평면도 : 2개의 hatch

hatch 2개를 만들어 올라가는 hatch와 내려오는 hatch를 만들 예정이랍니다. 관측소바닥보높이가 1.2m라 hatch 참으로 들어가실려면 순통과높이가 1.2m밖에 안되네요. 2 hatch 참쪽으로 가실려면 2단을 더 올라가야 하므로 순통과높이는 60cm밖에 안된답니다. 보밑 순통과높이가 1.2와 0.6이라 조금 숙이시거나 아예 완전히 기어서 가셔야 할 듯? 물론 hatch를 열면 안전난간이 있을겁니다. 이 낮은 통과높이는 아이들이 무척 좋아하는 높이랍니다. 이 꼭대기문 크기는 특이사항이 없으면 72cm(가로)x72cm(세로)랍니다. 간신히 통과는 할 겁니다.

## 7. 관측소바닥판(지붕판)

(1) 지붕판 구조도

이 첨성대의 백미는 바로 관측소바닥판 보에 있답니다. 희한한 것은 중앙기둥인 Cc위에 모든 관측소바닥보가 얹힌답니다. 중앙기둥위 상부 바닥보를 보실까요.

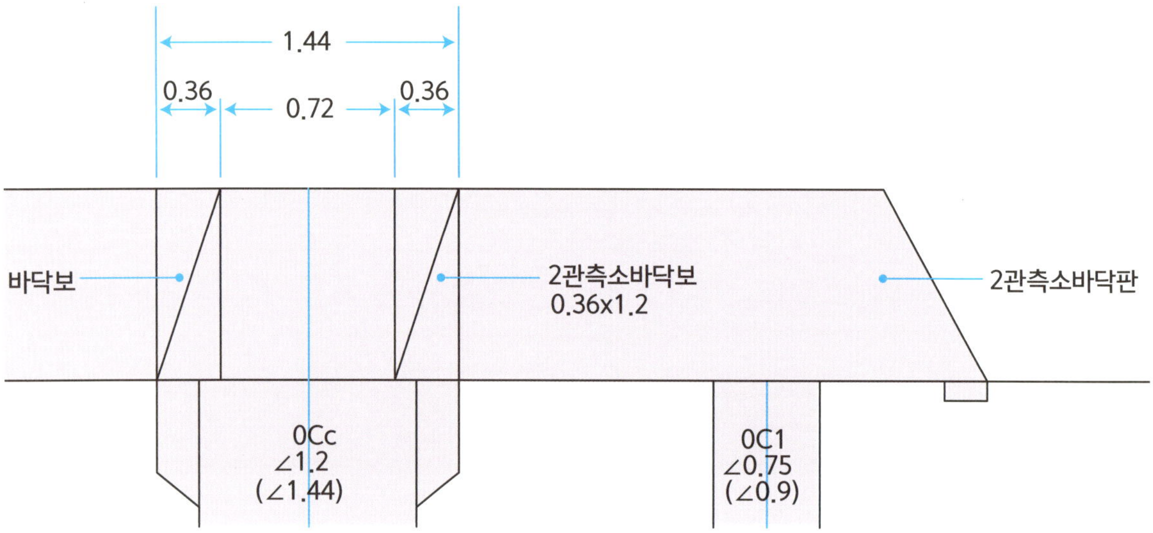


[그림 80] 첨성대 Cc상부 바닥보

8개의 관측소바닥보가 중앙기둥(Cc)에 모두 얹혀 부담을 엄청주니 Cc기둥이 무지 크답니다. 다시 관측소바닥 보복도(보: beam 도면)도 한번 보실까요.

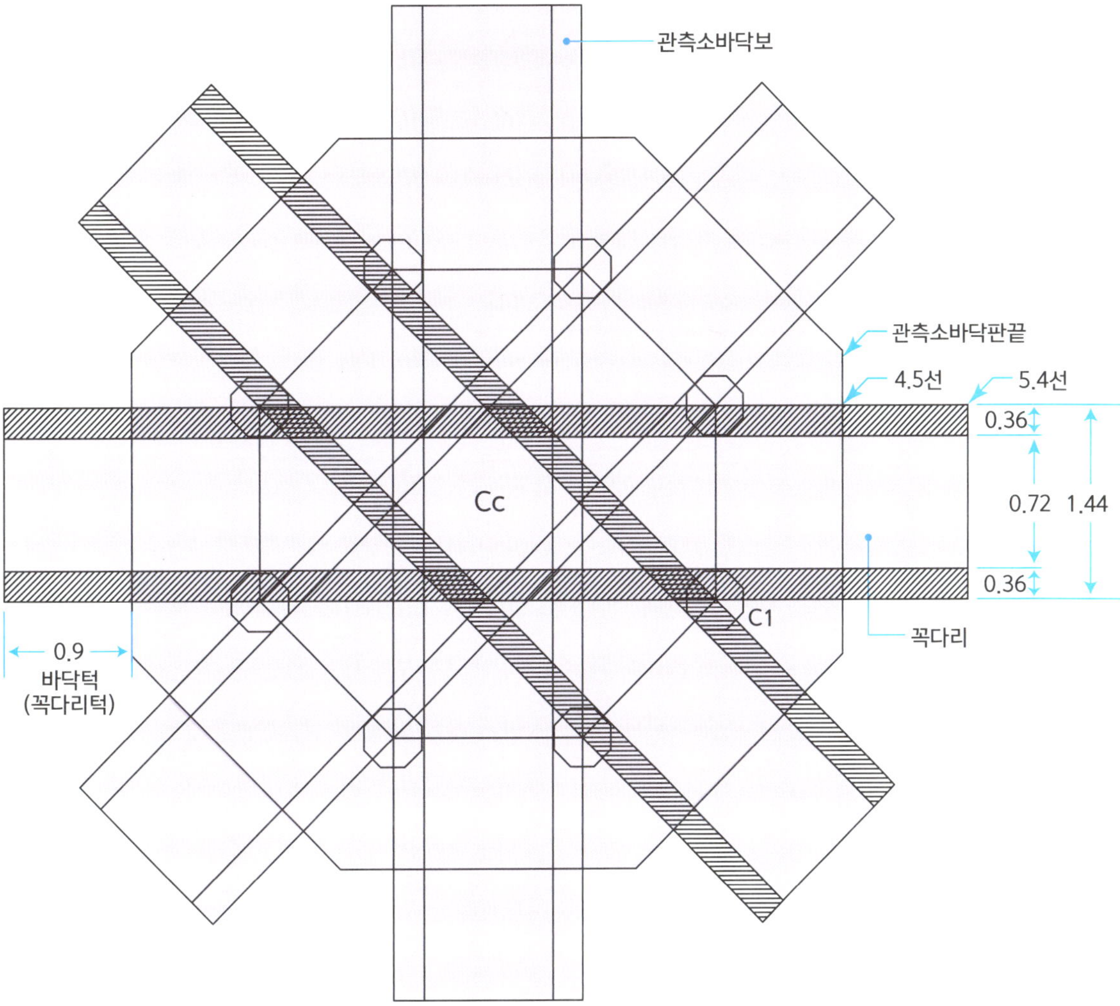


[그림 81] 첨성대 바닥 보복도:Cc위 보 공법

관측소바닥보는 0.36(폭)×1.2(춤:높이)로 무지 큰 보랍니다. 이 Cc에 얹힌 관측소보는 C1 기둥이 또 받쳐주며, 날개기둥 석축인 27단석이 살짝 보조로 받쳐주는 구조랍니다.
이 중앙기둥(Cc)에 관측소보를 걸치는 공법은 관측소보를 관측소바닥판 외부까지 빼낼 수 있는 장점이 있답니다. 이 바닥턱(꼭다리턱) 위에 부처님을 모실까 궁리 중에 있답니다.
다산을 기원하시는 분을 위하는 차원(?)에서 부처님이 필요할 것 같네요~

관측소보들은 일반적으로 보끼리 서로 2단겹침을 하는데, 이 Cc위의 보는 3겹침도 발생이 되어서 시공을 어떻게 할까 고민이 많답니다.

총 8개소에 3단 겹침이 발생이 되는데 어떻게 시공을 해야 할지는 미지수랍니다. 3겹침이 있더라도 관측소바닥턱을 내기 위해서 Cc위 보공법을 선택할 예정이랍니다.

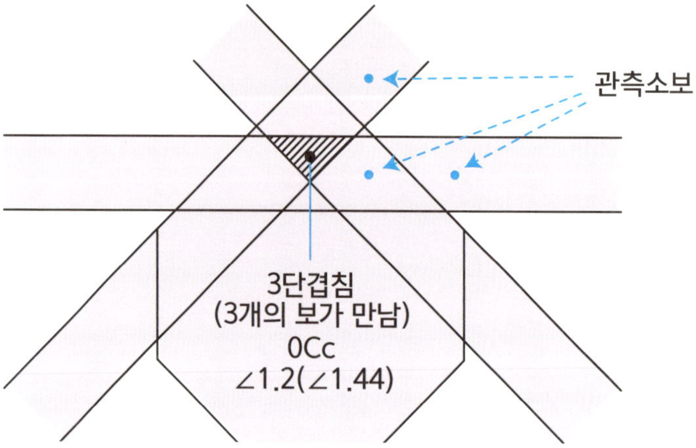


[그림 82] 첨성대 바닥 보복도 : Cc위 보 3겹침

1~7층탑의 관측소바닥판보와 같은 $C_1$(1기둥)위 보공법도 가능은 한데, 좀 특이한 공법을 시공해 보고도 싶네요. $C_1$위 보공법도 잠깐은 보셔야죠.

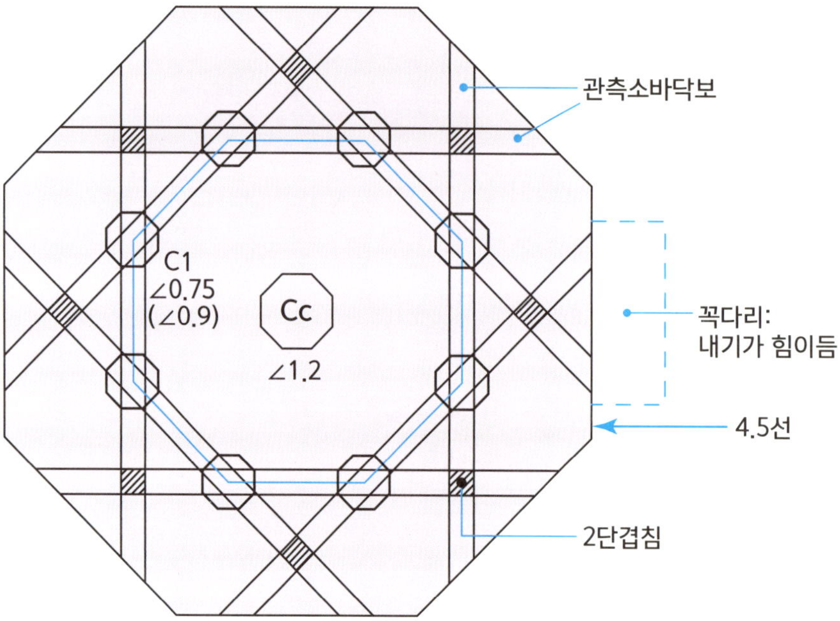


[그림 83] 첨성대 바닥판 보복도 : C1기둥위 보 공법

$C_1$ 기둥위 관측소바닥보공법도 그런대로 괜찮답니다. 다만, 바닥판에 꼭다리턱을 내기가 힘이 든답니다. 두 공법 중 한 개를 선택하기는 해야 하는데 저라면 Cc위 보공법을 선택하겠습니다. 처음 보기도 하지만 조금은 신기하기도 하기 때문일 겁니다.

관측소바닥판 테두리보(지붕판 외부를 감싸고 있는 외부보)도 잠깐만 봅시다. 1관측소바닥판은  이렇게 생겼답니다.

2관측소바닥판은 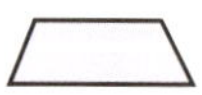 요렇게 생겼을 겁니다.

그럼 2관측소인 첨성대 바닥판도 당연히  이렇게 생겼을 겁니다.

관측소바닥판 끝부분인 테두리보를 확대해 볼까요.

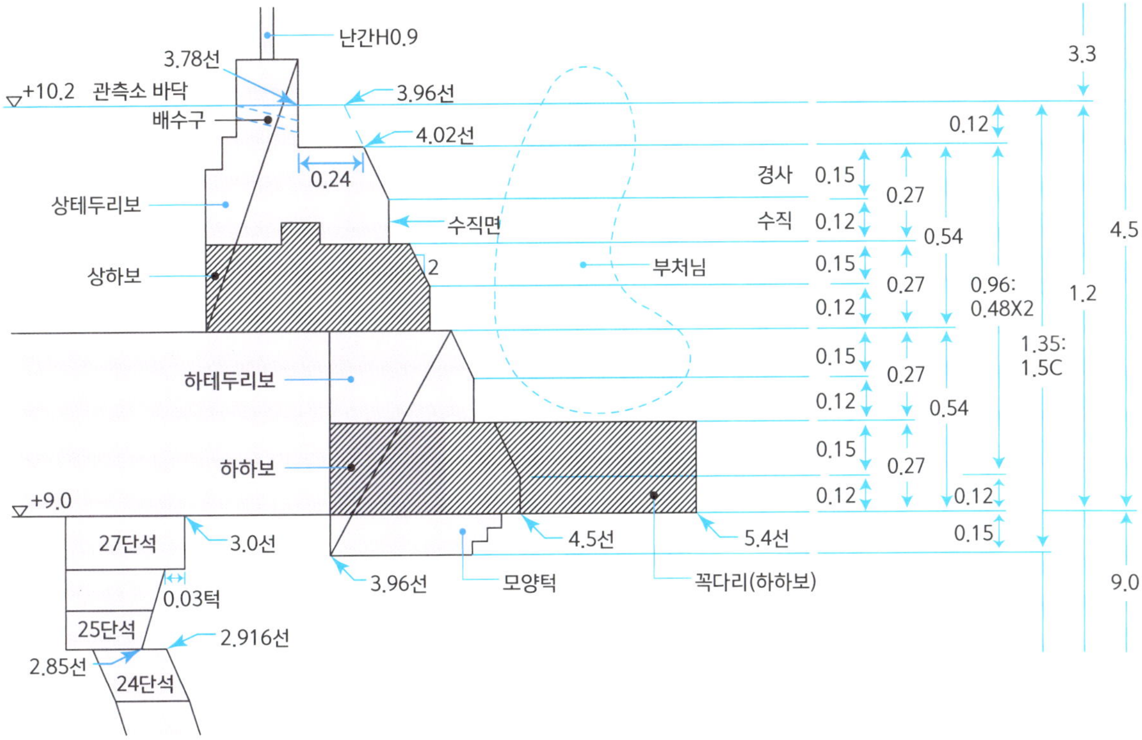


[그림 84] 첨성대 관측소바닥판 테두리보 단면도

보시니 관측소바닥판두께가 1.2인 줄 알았더니 1.35네. 첨성대 가상기초판개념을 다시 잠깐 봅시다.

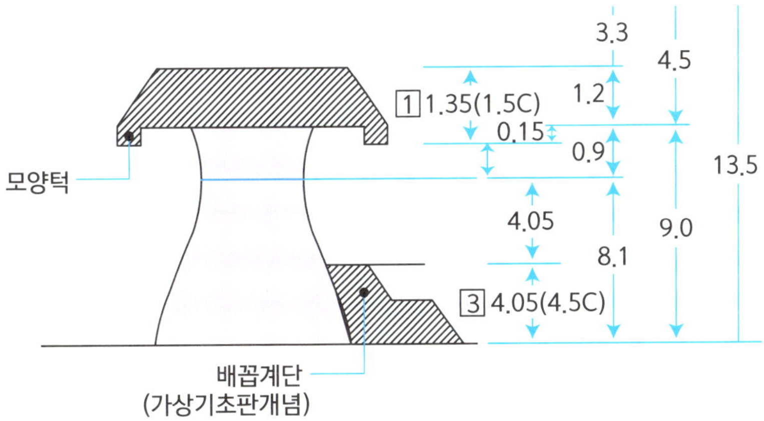


[그림 85] 첨성대의 가상기초판 개념

첨성대 공통수(C)가 0.9일겁니다. 외부계단높이 4.05=4.5C가 되면서 첨성대의 전체기초판(가상기초판) 개념을 갖게 된답니다. 그러면 관측소기초판두께는 4.05÷3=1.35=1.5C가 된답니다. 즉, 관측소기초판두께가 가상기초판두께 4.5C의 1/3이 되면서 관측소지붕판두께가 된답니다.

이 관측소지붕판두께 1.35에서 0.15(모양턱 높이)는 외부 테두리 하부보에만 있으며, 실제 관측소바닥판 두께는 1.2가 된답니다.

조금 헷갈리시죠. 사실은 저도 헷갈리기는 마찬가지랍니다. 관측소바닥판 둘레에는 상·하테두리보가 2단으로 있으며, 테두리보의 경사각도는 2각(⊿2)이 된답니다.

일자 경사가 보기 싫어서(?) 3개의 수직면을 만들었답니다. 제일 끝에는 당연히 바닥판꼭다리턱이 나올겁니다. 부처님이나 동자승을 모셔야겠지요~

(2) 지붕 평면도

첨성대 지붕판 지붕평면도도 한번 보고 갈까요.

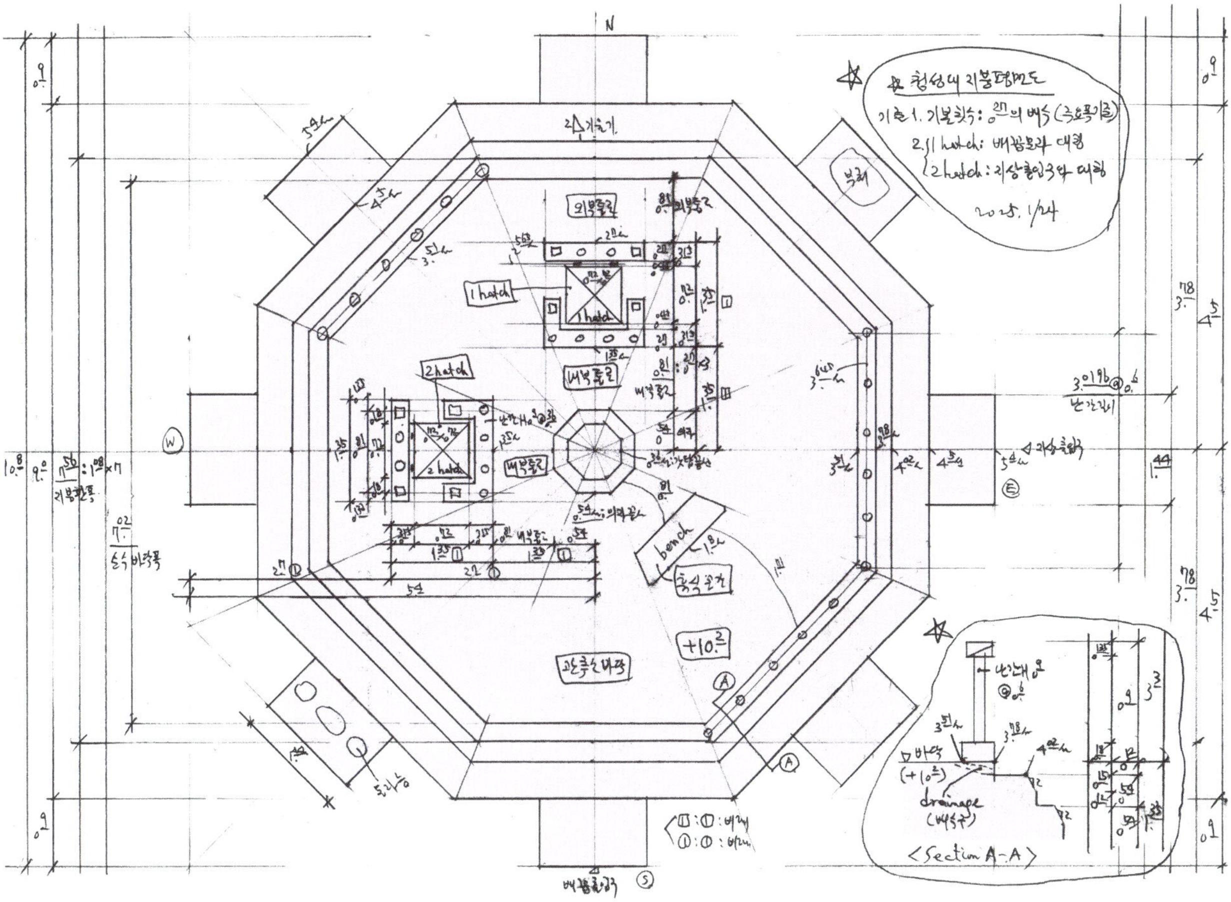


[그림 86] 첨성대 지붕평면도 * 후면(제일 뒷쪽) 원본도면 02 참조

참 잘생겼죠, 널찍한 관측공간이라 놀기도 좋겠죠~ㅎㅎ~

## 8. 지상출입구와 출입구 지붕판

지상 출입구는 동쪽에 있답니다. 이유는 다들 아실겁니다. 남쪽에 배꼽으로 들어가는 배꼽계단이 있으므로 지상 출입구는 동쪽이 될겁니다. 석굴암도 같은 개념이랍니다.
만약 배꼽계단이 없으면 상식적으로 당연히 남쪽에 지상출입구가 나겠죠.
지상출입문과 출입구지붕판(Canopy)의 옆면도와 정면도를 잠깐 보실까요.

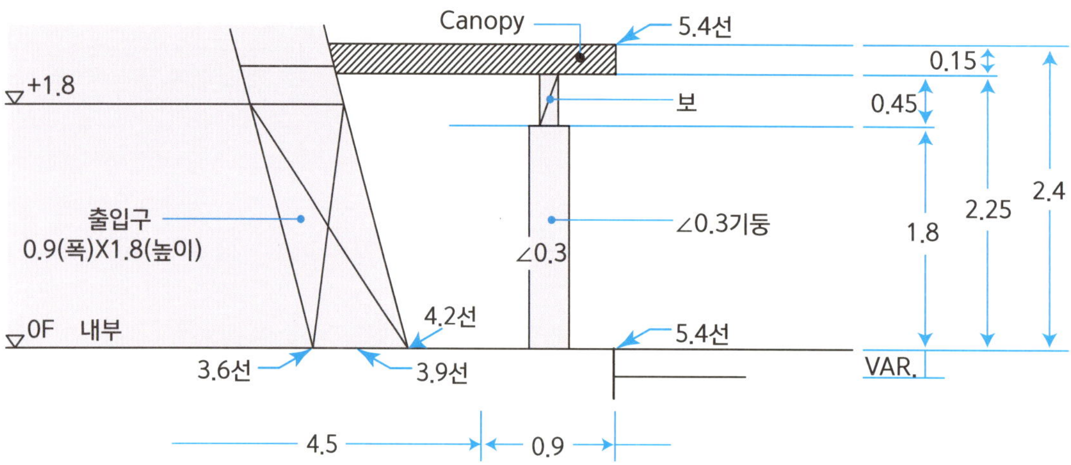


[그림 87] 첨성대 지상출입구 옆면도

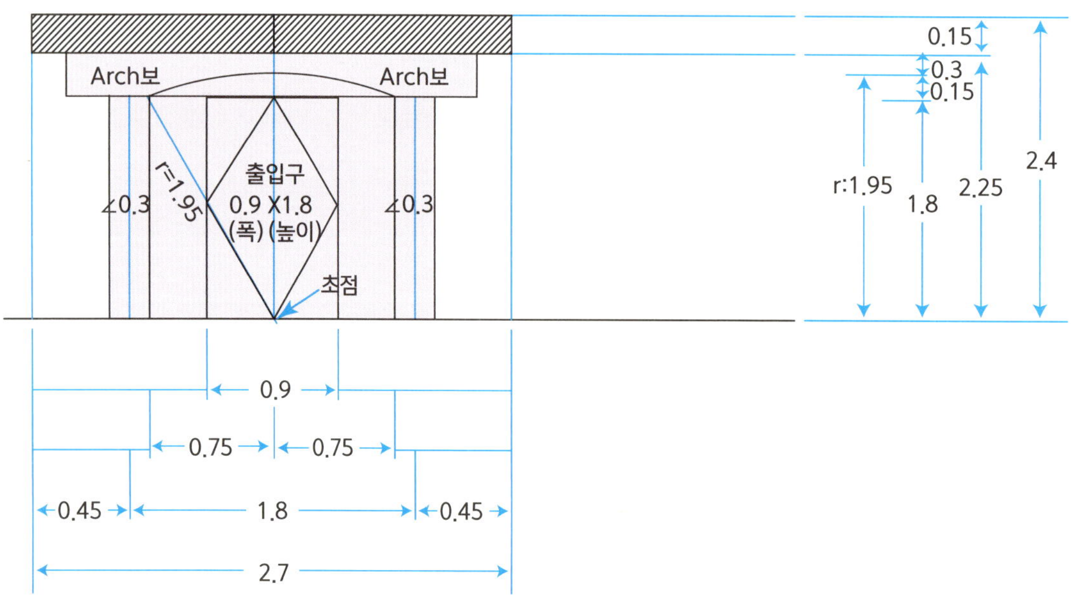


[그림 88] 첨성대 지상출입구 정면도

보시듯 지상출입구 폭은 0.9(90cm)로 했으며 석축5단까지의 높이가 1.83(183cm)이나 개구부는 폭 0.9x 높이 1.8로 할겁니다. 출입구지붕판(Canopy) Arch보는 정수직각삼각형인 5:12:13을 적용했답니다.

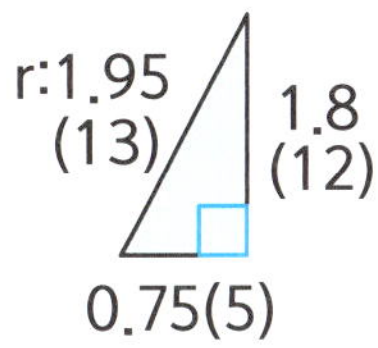


[그림 89] 출입구지붕판 Arch보에 적용한 5:12:13 정수직각삼각형

물론, 배꼽지붕판 Arch보도 당연히 5:12:13을 적용한답니다.
이 지상 출입문에 문을 달까요, 그냥 시원하게 개방할까요?

## 9. 배꼽개구부와 배꼽지붕판

이 배꼽은 27단중 상하 12단 사이에 3단높이로 있답니다. 이 3단높이는 0.999가 된답니다. (5.265-4.266=0.999)~ 은하철도 999 ~ㅎ~

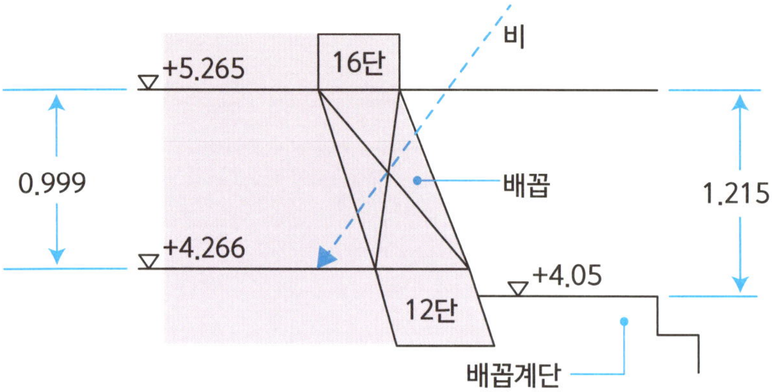


[그림 90] 첨성대 개구부

그런데, 배꼽계단 상부가 +4.05로 실제 배꼽높이는 5.265-4.05=1.215가 되며 배꼽폭은 0.9 (90cm) 정도로 생각하고 있답니다. 그런데, 이 배꼽문이 외부로 노출되어 있어서 비가 내부로 들어오게 생겼답니다. 그럼, 이 배꼽 상부에 비막이판(Canopy)을 설치해야 하겠네요.

설치해 봅시다.

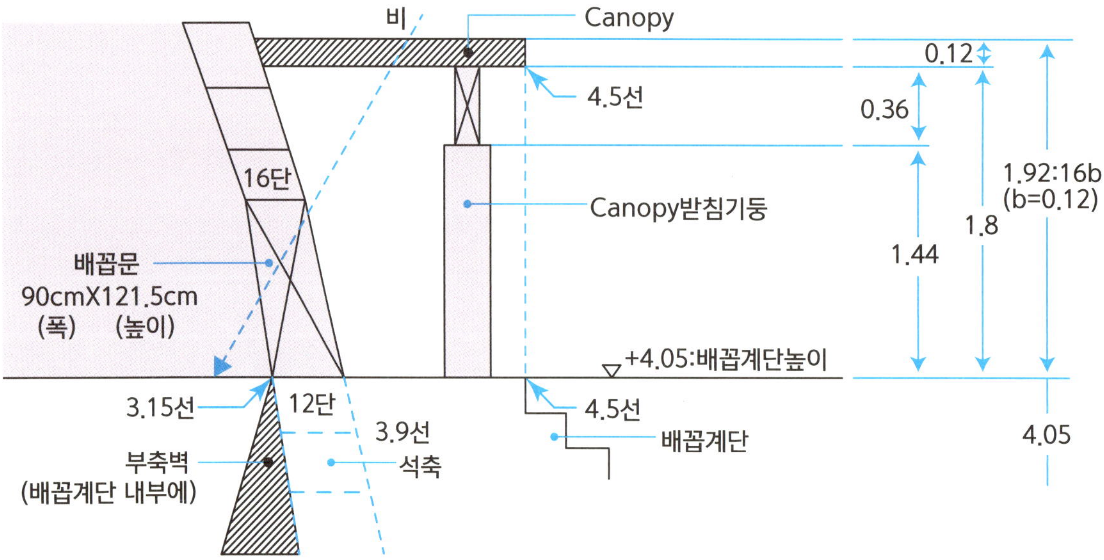


[그림 91] 배꼽 비막이판

배꼽문이 조금 낮은 편이라 고개를 좀 숙여야겠답니다. 너무 낮아서 애들용 출입구가 아니었을까도 생각해 본답니다. 키 큰 애들은 어떡하죠?

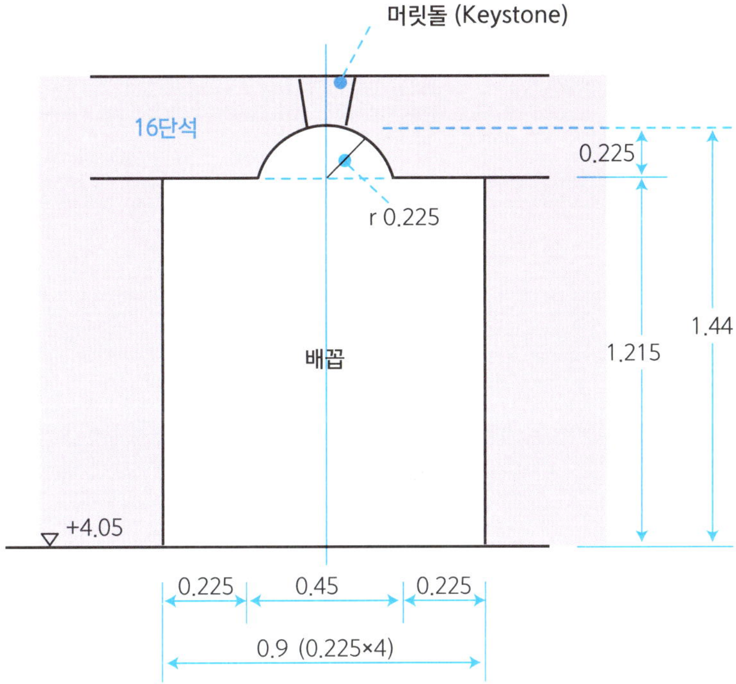


[그림 92] 배꼽문 높이기 : 키 큰 애들용~ㅎㅎ~

그래서 배꼽문상부에 조그마한 반원형 Arch(r=0.225)를 만들어서 통과 최고높이를 1.44(144cm)로 할까? 생각중이랍니다. 통과 높이가 144cm 정도면 조심해서 통과하면 되겠죠. 그래도 어른은 고개를 제법 숙여야 겠네요. 배꼽개구부에 문짝을 달지 아님 단순개구부로 시원하게 할지는 아직 미지수랍니다.

이젠 배꼽을 통해서 외부의 빗물이 내부로 들어오지 않을겁니다. 그리고 배꼽계단석축의 내부쪽은 반드시 부축벽(buttress)을 쌓아서 배꼽계단을 받쳐줄 겁니다.

## 10. 갓탑과 첨탑

이 갓탑과 첨탑은 관측소바닥판(지붕판) 중앙에 우뚝 솟아 있답니다. 이것이 있어서 첨성대가 훨씬 돋보일 겁니다. 바로 지붕의 꽃이랍니다.

이 갓탑과 첨탑이 정확히 어떻게 생긴 것인지는 알 수가 없답니다. 석탑과는 생김새가 다른 것까지는 알 수 있답니다. 이 갓이 어떤 부피를 갖고 있는것 같답니다. 석탑의 갓은 찐빵이나 호떡같이 생겼답니다. 이 첨성대의 갓탑과 첨탑(간단히 꼭다리라고 부르겠습니다)은 9층탑의 2관측소가 지상으로 내려와서인지는 모르겠으나 9층탑의 꼭다리와 높이가 똑같답니다. 첨성대의 갓탑 높이는 계산으로 알 수가 있답니다. 3.3m네요. 갓탑 높이 3.3m는 계산으로 정확히 나오는데 이 첨탑 높이는 지멋대로 랍니다. 첨탑은 탑 높이에 포함되지 않기 때문이겠죠. 한성깔 있나보네요?

먼저, 갓탑부터 보실까요. 높이가 3.3m로 제법 높답니다. 보기 좋죠.

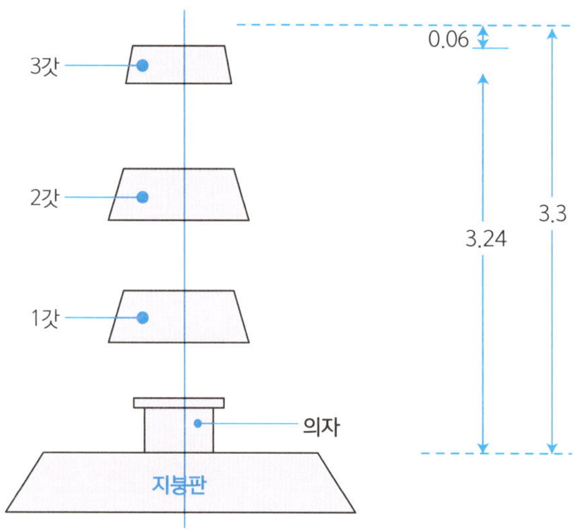


[그림 93] 첨성대 갓탑 높이 : 3.3m

제일 밑에는 의자(철반: 기록된 정식명칭. 사찰 목탑에서는 철반이지만 일반목탑에서는 목반(나무 밥상?)이 될 수도 있음)가 있으며, 그 위에 3개의 갓이 있답니다. 계산을 정확하게 해보면 이 높이 3.3m에 갓탑이 3.24(1.08x3)만 사용하고 나머지 6cm는 공유층 개념으로 첨탑의 기초판으로 사용될 겁니다.

이 꼭다리는 제가 펴낸 책에 조금 더 상세하게 나와있을 겁니다. 첨성대에서는 간단히 형태나 개념정도만 알아봅시다.

첨성대 꼭다리를 9층탑과 다른 형태로 만들 수는 있으나 높이가 같으므로 동일한 형태로 보고 접근하겠습니다.

보시면 갓탑이 어떻게 생겼는지는 잘은 모르겠지만 3개의 갓이 들어간답니다. 간단히 세 개가 동일 높이라고 보면 3.3÷3=1.1m 랍니다. 숫자가 이상하죠.

1.1⇒1+1=2로 3의 배수법칙에 맞질 않네요. 그래서 1.1에 제일 가깝고 숫자합이 9인 1.08을 갓탑의 기본 module(기준이 되는 칫수)로 정했답니다.

∴ 실제 갓탑 높이 = 1.08x3=3.24가 된 것이랍니다. 나머지는 3.3-3.24=0.06이 나오죠. 이것이 바로 첨탑의 기초판두께가 될겁니다.

아주 간단히 꼭다리(갓탑과 첨탑) 개념도 잠깐 봅시다.

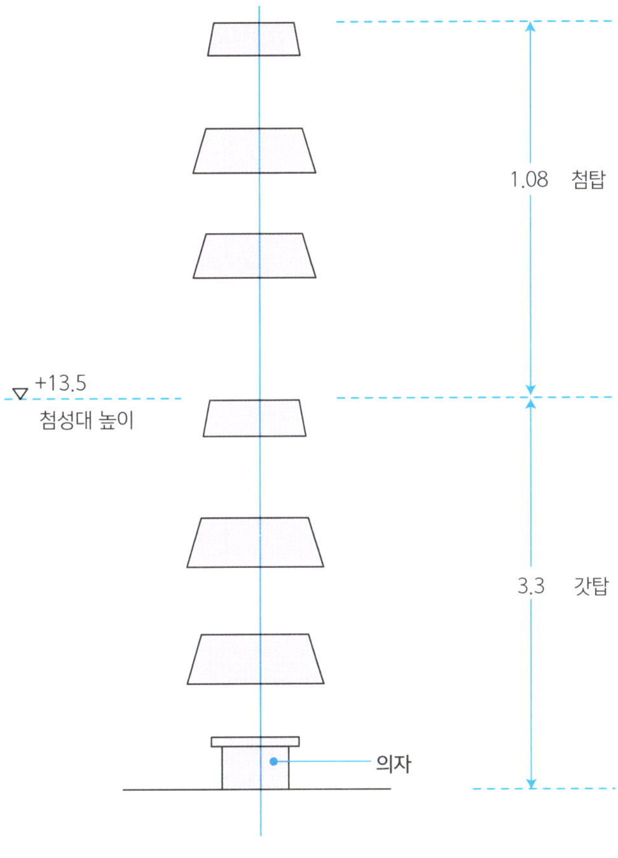


[그림 94] 첨성대 : 갓탑과 첨탑 개념

이제 갓탑의 기본개념도를 볼까요.

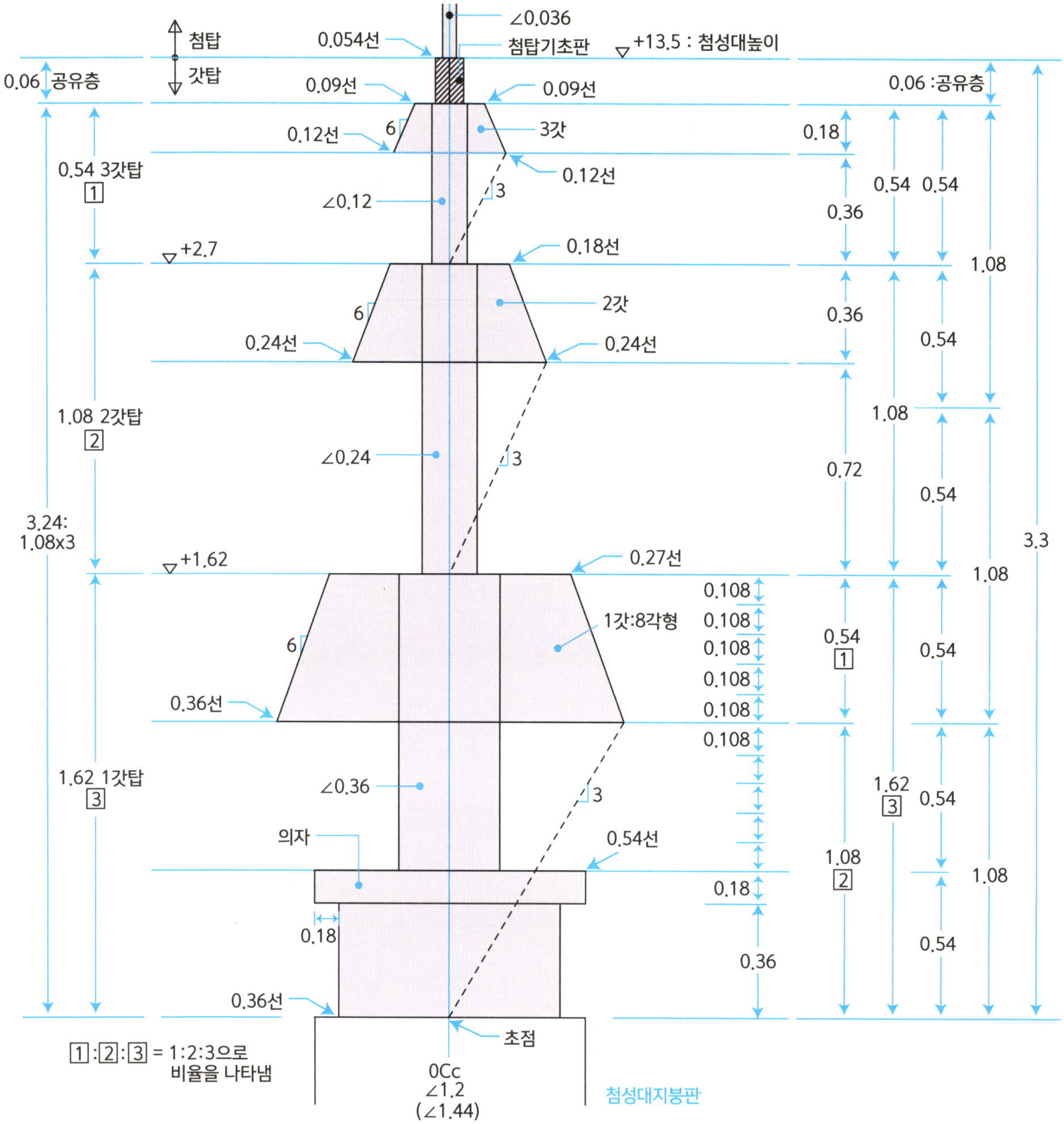


[그림 95] 첨성대 : 갓탑기본 개념도

제일 밑에는 의자가 있을 겁니다. 혹시 관측요원이 다리가 아프면 살짝 앉아 쉬시라고 제가 의자라고 명명했답니다. 그런데 좁아서 앉기는 조금 그렇네요. 엉디만 살짝 걸칠 수 있답니다(윗 그림의 의자는 폭을 더 키워야 함~실수?~ 실제론 18cm 정도 엉디를 걸칠 수 있음). 그리고, 갓탑의 우수선은 3각(⊿3)으로 3우수선을 채택했답니다. 1·2우수선보다는 쪼께 날씬형으로 만들었답니다. 또한 갓의 처마각격인 갓각의 기본경사각을 6각(Δ6)으로 했답니다. 갓탑의 갓의 기본형태는 동일하므로 제일 밑에 있는 1갓만 확대해서 봅시다.

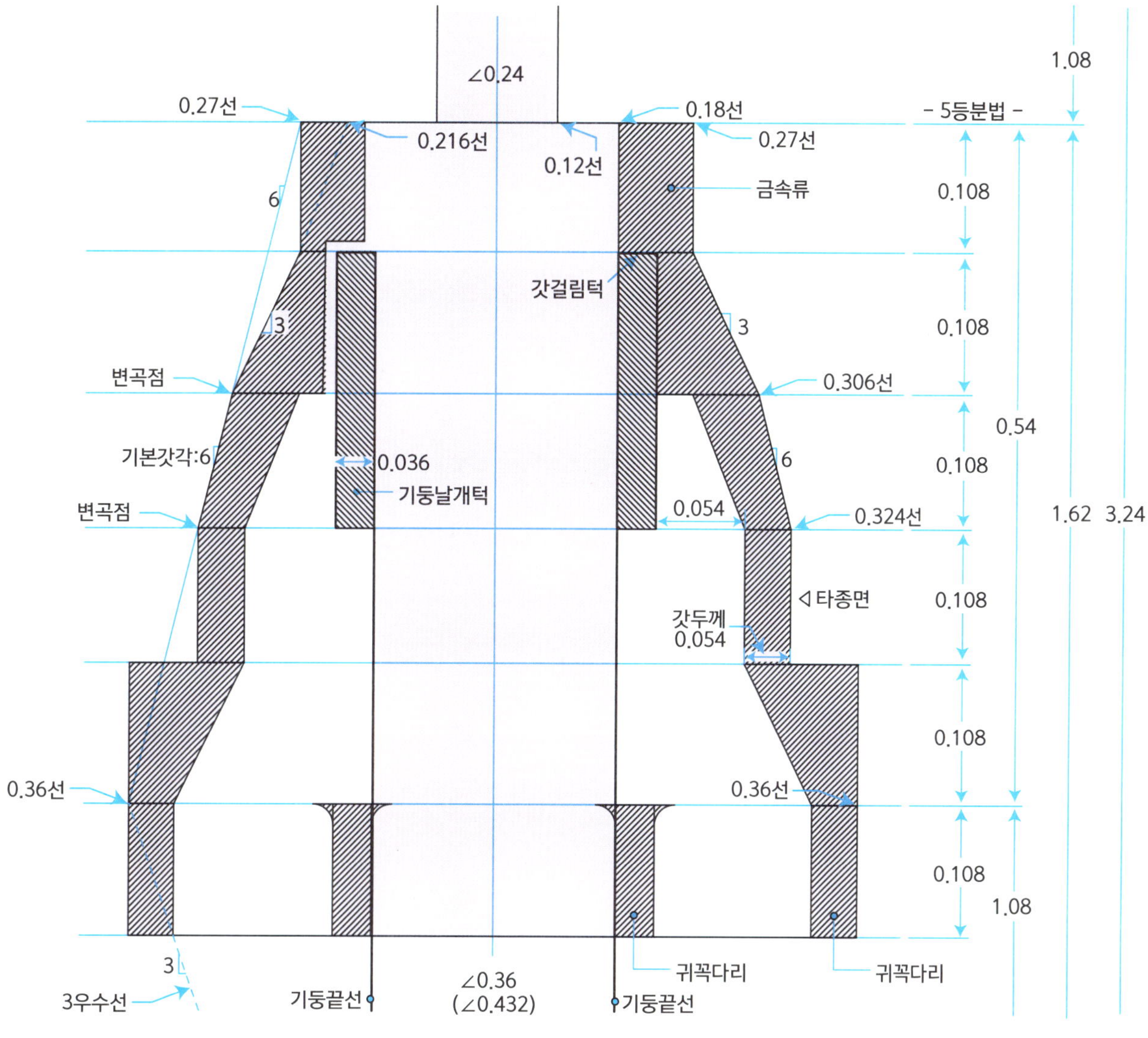


[그림 96] 첨성대 갓탑 : 1갓 단면도

이제 약간 모양새가 갖추어진 것 같네요. 이 갓은 당연히 8각형일겁니다. 우수선은 2우수선으로 할 수도 있으나 갓이 너무 투박할 것 같아 3우수선으로 하였답니다.

갓탑의 용도가 여럿 있을 수 있겠지마는 최소한 이 갓탑에 풍향계(팔랑개비)나 시간을 알리는 종 정도는 있어야 될 것 같아 1갓에 종을 칠 수 있는 공간을 만들어 보았답니다. 조그마한 종(공명공간이 좁음)이라 종소리가 멀리까지는 못 갈것 같답니다.

첨탑도 한번 보고 가셔야죠.

이 첨탑 높이는 탑높이에 속하지 않으므로 높이를 가늠할 수가 없답니다. 계산자체가 안 되겠죠? 여러 생각 끝에 아마도 갓탑높이의 1/3 정도가 적당하지 않을까 하는 생각이 든답니다. 물론 갓탑높이와 같게 할 수도 있으나 바람에 버틸지가 문제네요. 이 첨성대의 첨탑은 9층탑보다 낮은 곳에 있으므로(바람의 영향을 덜 받겠죠) 높이를 더 키울 수도 있답니다. 갓탑은 중앙기둥이 나무이며 갓만 금속류이지만, 이 첨탑은 기둥과 갓이 전체가 다 금속류로 보인답니다. 이왕이면 황금으로 만들어 버릴까요. 근데, 요즘 금값이 쪼께 나간다네요!

첨탑의 기본개념도를 한번 보실까요.

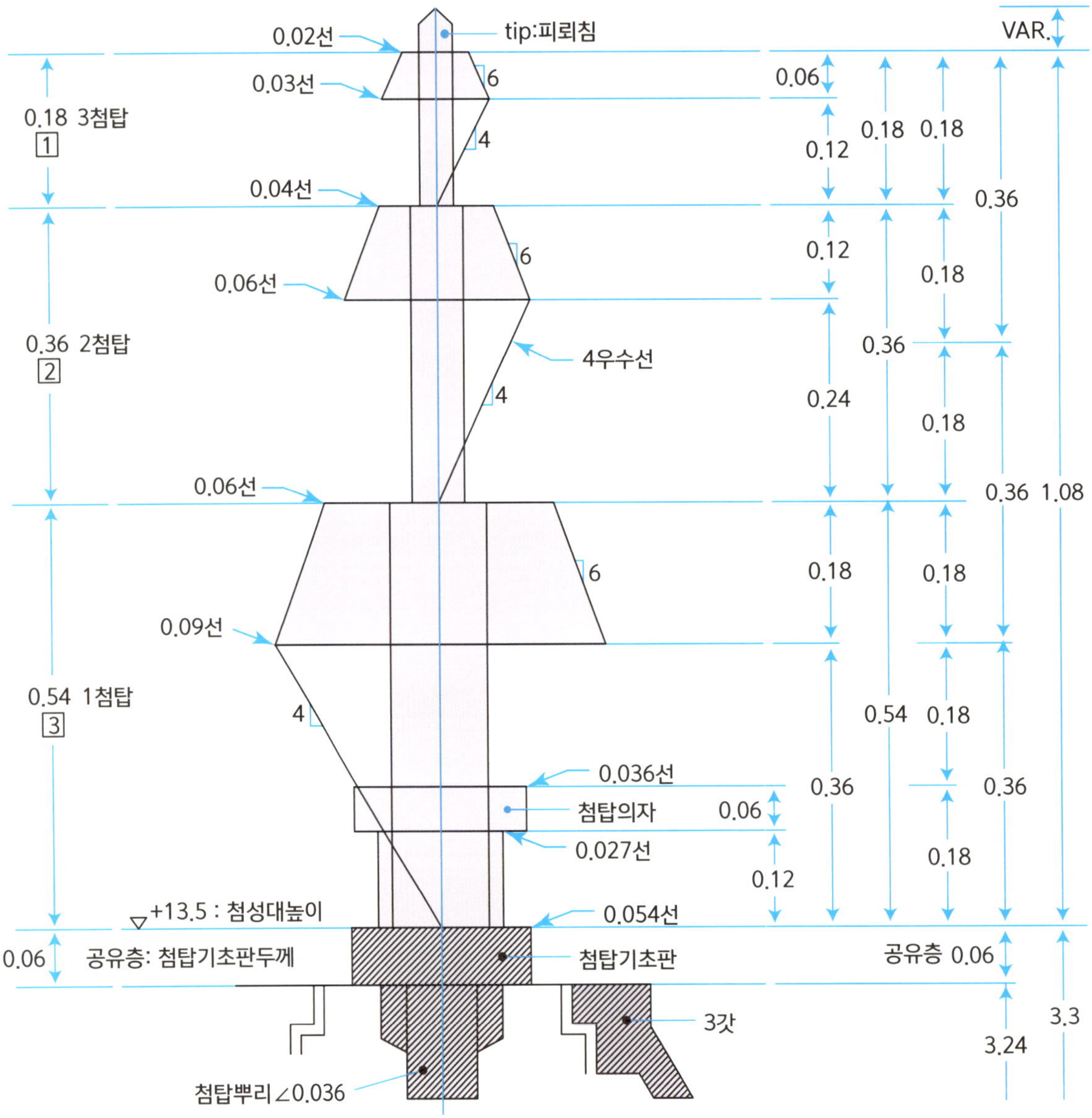


[그림 97] 첨성대 첨탑 개념도

멋은 별로네요. 첨탑의 1갓 단면도만 봅시다.

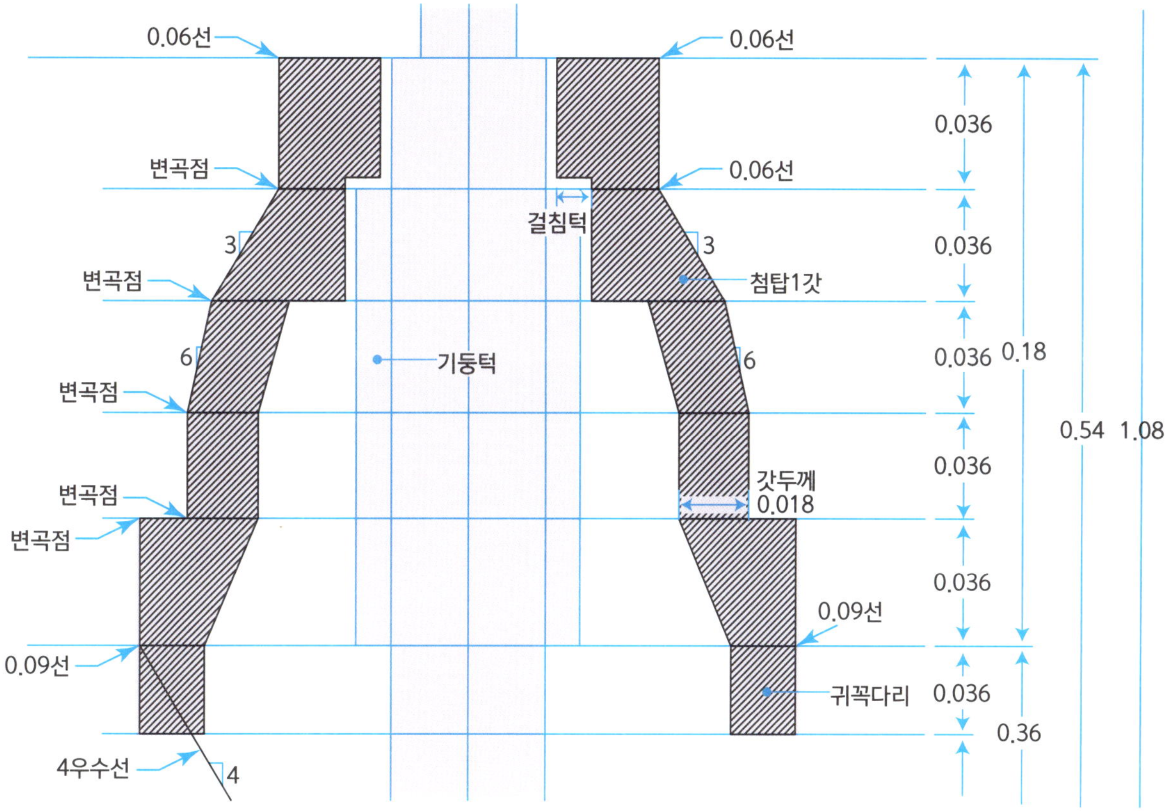


[그림 98] 첨성대 첨탑 : 1갓 단면도

이제 약간 멋이 나네요. 갓 형태는 갓탑의 갓과 거의 같은데, 우수선만 갓탑은 3우수선이며 첨탑은 4우수선으로 훨씬 더 날씬해 졌답니다. 이 우수선은 숫자가 클수록 더 날씬해진답니다. 그리고 첨탑의 제일 윗쪽에는 꼭대기(tip)도 있답니다. 새로 지으면 아마 피뢰침으로 만들 것 같네요.

이 꼭다리(갓탑과 첨탑)의 형태와 용도는 아직까지 정확하게 알 수 있는 방법이 없답니다. 다만, 옥룡암바위의 9층조각탑의 갓탑을 보시면(아주 희미하게 흔적정도 있음), 이 갓은 어떤 부피(제법 큰 형태)를 갖고있는 듯 하답니다. 아마도 갓탑높이가 3.3m나 되니 당연히 어떤 형상을 갖고 있는것은 분명하답니다.

근데, 이 갓의 형상과 용도는 알 수가 없답니다. 열이면 열, 백이면 백명이 생각이 다르겠죠. 제가 이 정도 형태가 아닐까 하고 생각해 본 것이므로 참조만 하십시오.

많은 분들이 힘을 모으면 그 만큼 더 훌륭한 형태가 나올겁니다.

## 11. 첨성대 배치도와 개념도

### (1) 배치도

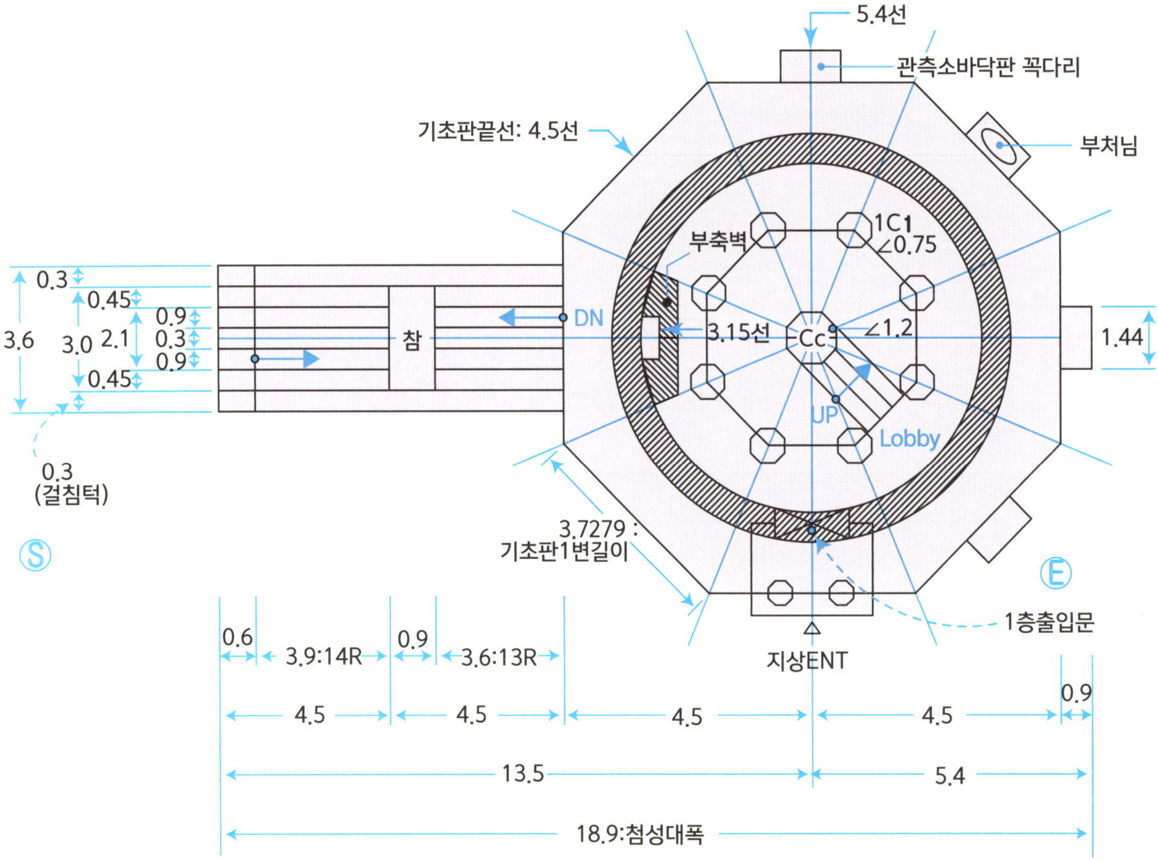


[그림 99] 첨성대 배치도

## (2) 개념도

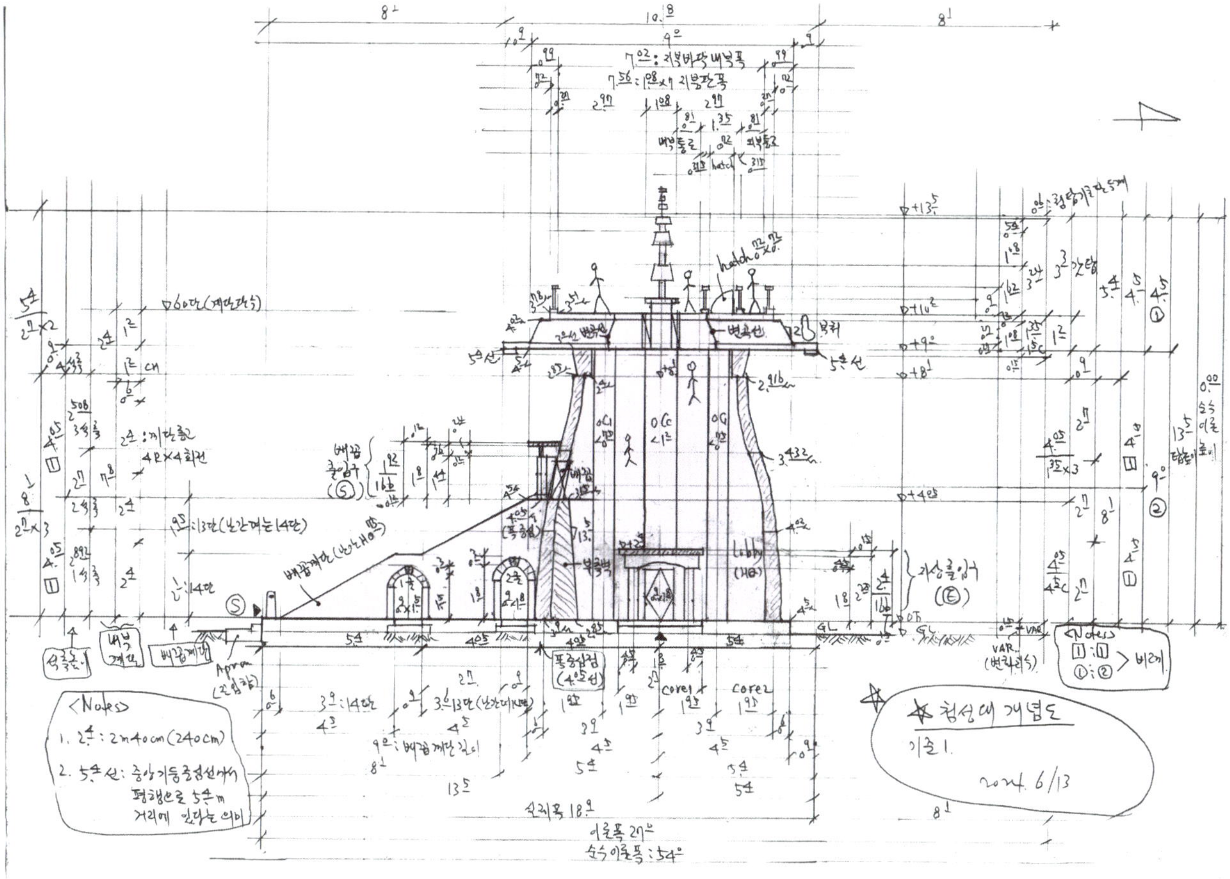


[그림 100] 첨성대 개념도 * 후면(제일 뒷쪽) 원본도면 03 참조

## VI. 첨성대 건립목적(용도)

사실 이 첨성대 건립목적이 무엇이었는지가 제일 궁금하답니다. 이렇게 생각하면 이런거 같고, 저렇게 생각하면 저런거 같고? 하여튼 첨성대 건물 자체가 관공서 개념이 있는 걸로 봐서는 국가와 관련이 제일 높은 것 같은 느낌이 드네요. 국가의 번영과 안정이 제일 우선 순위인 것도 같답니다. 비록 9층탑의 2관측소를 짓기 전에 우연히 지어진 건물이긴 하지만! 어쨌든 있는 머리 없는 머리 다 짜내어서 한번 생각해 봅시다. 여러분도 같이 생각해 봐야 됩니데이. 상상만큼 자유로운 건 없겠죠.

묘하게도 신라일반목탑(정부종합청사)에는 관측소가 있답니다. 본 건물만 지어도 되는데 왜 그 위에다 관측소를 지었으며, 과연 이 관측소의 용도가 무엇이었을까요.

더 묘한 것은 첨성대는 달랑 관측소만 있는 건축물이랍니다. 이 신라탑에 관측소를 지었다는 것은 어떤 목적이 있어서 지었을 겁니다. 단순히 건물모양새를 뽐내기 위해서는 아니었을 겁니다. 그렇다면, 어떤 용도의 관측소였는지는 모르겠지만 관측목적으로 짓긴 지은 것 같은데 과연 어떤 관측이었을까요? 첨성대(별을 보는 전망대)라는 말 그대로 단순히 별을 보는 곳이었을까요? 아님, 더 나아가 별을 관측, 혜성관측 아니면 초신성 관측이었을까요? 설마 별똥별(유성) 관측은 아니었겠죠, 그냥 별만 보고 단순히 별자리 이름만 붙였을까요. 별자리 이름 알아서 어디 쓰묵죠?

혹시 다른 용도는 없었을까요? 현재와 같은 소방서 개념, 아님 군사적 용도인 봉수대의 불이나 연기관측...? 혹시 아실 수 있으신 분 한수 알으켜 주이소.

순수 제 개인생각으로는 어느 한가지가 아닌 천체관측, 소방서, 군사용도, 날씨관측(기상대) 등 다목적 용도가 아니었을까 하는 생각이 제일 많이 든답니다. 제가 착각한 걸까요?

이 관측소는 일반목탑인 1~9층탑, 첨성대와 석탑인 다보탑에도 있답니다. 묘하게도 일반목탑인 석굴암에는 관측소가 없네요. 스님은 관측을 안 하시나 보네요? 그런데, 석탑인 다보탑 위에 웬 관측소? 설마 관측은 안했겠죠. 그냥 관측소를 탑 위에 지어 모양새를 낸 것이었을 겁니다. 그렇다면, 2관측소가 지상으로 내려와 관측소만 달랑 있는 이 첨성대의 용도는 무엇일까요? 상식적으로 관측소라면 야튼 좀 높은 곳에 있어야 될 것도 같은데 이 첨성대는 땅바닥보다 약간 높은 곳에 놓여 있답니다. 혹시 관측소라는 용도가 아닌 다른 용도도 있었을까요? 알 수 있는 방법은 없겠지마는 그래도 한번 쯤은 생각해 보는 것도 그 자체로 재미가 있을 듯! 여러 많은 용도가 있을 수도 있으나 간단히 세가지 정도를 생각해 봅시다.

어쩌면 한가지 용도가 아닌 다목적 용도일 수도 있답니다.

## 1. 관측기능

첨성대(별을 보는 전망대)라는 말 그 자체로 별을 관측하는 곳이라고 제일먼저 생각들이 나실 겁니다. 저도 당연히 별을 관측하는 천문대라는 생각이 제일 먼저 떠오른답니다.

그런데, 신라탑을 풀다보니 1층탑·3층탑· 5층탑·7층탑·9층탑에 모두 다 관측소가 아주 높은 곳에 있더랍니다. 더군다나 9층탑에는 2단관측소까지 있어서 2관측소까지 있답니다(2관측소라고 얘기하니 1관측소와는 10리 정도나 멀리 떨어져 있는 관측소라고 생각하시면 안됩니데이, 1관측소 바로 위에 동개져 있답니다). 9층탑의 2관측소가 지상으로 내려와서 첨성대라는 관측소가 탄생되었답니다(물론 9층탑보다 첨성대가 약간 빨리 지어진 것 같지만). 그렇다면, 첨성대 건립목적은 당연히 별관측 업무가 된답니다. 문제의 핵심은 관측소라면 높은 건물꼭대기쪽에 있든지 아님 경주 남산꼭대기에 있는 것이 훨씬 효율적일 수 있답니다. 올라가실려면 다리께나 쪼께 아프겠죠!

그런데, 왜 첨성대를 땅바닥위에 지었을까요? 저라면 우리집 마당에 돗자리를 깔거나 아니면 반월성(왕궁쪽)에다 평상 펴놓고 한잔 걸치면서 룰루랄라 별을 관측할 겁니다~~ㅋㅋ~ 여러분은 이 낮은 첨성대(관측소 바닥은 땅에서 10.2m 높이)에서 관측이 가능하다고 생각하시는지요? 관측소건물이니까 당연히 관측 업무를 했을거라구요? 제 개인생각으로는 진짜 관측(?)은 일반탑(1~9층탑) 관측소에서 한 것 같으며, 만약 첨성대에서 관측을 했다면 애들이나 청소년과 아지매들을 위한 관측교습소 정도가 아니었을까 하는 생각이 든답니다. 아님, 일반인들이 별을 관측하는 공간(일반인 관측소) 정도이겠죠. 쉽게 얘기드리면 관측에 필요한 기본교육을 시키거나 일반인들을 위한 전망대(또는 어떤 모임의 장소? 찾기가 쉽잖아요!) 정도였을 겁니다. 관측에 관심이나 소질이 있는 친구는 정식 관측요원이 되기 위해서 일반탑의 관측소에 지원을 하겠죠. 그러고 보니 그 시대에도 관측요원 양성학원 개념의 관측소가 있긴 있었나 보네요. 아마 학원비는 안 받았을것 같네요~ 공짜~ㅎㅎ~

관측소건물이라고 꼭 관측만 하는 것이 아니라, 필요에 따라 용도가 살짝 바뀌어(용도변경? 용도겸용?) 다른 용도로도 사용했을 수도 있을 겁니다.

## 2. 민간신앙 개념(다산기원)

웃기죠. 웬 관측소건물에 민간신앙개념이 있을까요? 눈치채신 분 계시나요~
채셨으면 눈치 9단~ㅎㅎ~ 저 앞쪽에서 보셨던 석축의 형상(상징성)을 다시 한번 보시면 살짝 느낌이 오실겁니다. 신라인들의 재미있는 해학이 스며 있는 석축의 형상이 바로 아지매의 엉디에서 가슴까지의 형상이잖아요. 당연히 배꼽도 있었잖아요. 이제 생각이 나실 겁니다.

왜 석축 형상을 여성 형태로 만들었을까요? 단순히 보는 이로 하여금 웃음이 나오게 하려고 그랬을까요. 맞습니다. 해학이 철철 넘치는 신라인들이라면 당연히 그렇게 표현하고도 남았을 겁니다. 그런데, 저는 해학도 있겠지만 한 가지 더 중요한 의미(상징)가 있다고 생각하는 놈이랍니다. 이 여성 형상이 다산기원을 상징하는 느낌이 물씬 풍기지 않으세요. 석축의 형상을 여성형상으로 만들었다는 얘기는 이 첨성대가 아들딸 많이 낳아 달라고 기도하는 공간이었을 수도 있다는 생각이 많이 든답니다. 촛불켜고 냉수 한 그릇 놓고 기도하는 공간으로 아주 잘 어울린답니다. 그래서 관측소 바닥판꼭다리에 부처님이나 동자승을 모실 예정이랍니다. 그러면 마음씨 좋은 부처님이 소원을 들어 주실겁니다. 여성형상을 해학적으로 보셔도 되지만 다산기원 개념으로 보면 민간신앙개념이 물씬 풍긴답니다. 인구가 많아야 국력도 강해질겁니다. 앞으로 첨성대에 가실 때에는 초 한자루 정도는 갖고 가셔서 열심히 비십시오. 그럼, 아들딸 팡팡 잘 낳으실겁니다~ㅎㅎ~

앞서 보신 첨성대 구조를 보시면 배꼽문 높이가 아주 낮죠. 그리고 지붕에 올라가시려면 거의 기어서 올라가야 된답니다. 물론 재미삼아 오르내릴 수 있는 배꼽 계단도 있답니다.
이 모든 것을 종합해 보면 이 첨성대는 애들이 무척 좋아하는 놀이기구에 가깝답니다. 애들은 기어가거나 낮은 곳을 무척 좋아할겁니다. 어릴적 기억을 되살려 보십시오. 그러니, 이 첨성대는 엄마들은 애 데리고 놀러와서 애 많이 낳아달라고 빌 것이며, 애들은 신이 나서 배꼽계단을 거쳐서 지붕꼭대기까지 왔다갔다 하면서 하루종일 재미있게 놀겁니다. 물론 초저녁에는 별을 바라보겠죠, 북두칠성이 저기 있네~ㅎㅎ~

아무튼 첨성대 구조는 다산기원과 애들을 위한 아주 재미있는 공간이랍니다.

이 민간신앙개념은 첨성대의 건립목적은 아니었겠지만, 석축형상이 주는 느낌으로 자연스럽게 민간에 침투되었을 수도 있답니다. 혹시! 민간신앙개념이 있었다면 자연발생적으로 생긴 부수적인 기능인 것도 같답니다.

## 3 봉화대 관리사무소 업무

저는 처음에는 관측기능과 민간신앙개념이 공존하는 건축물로 인지를 했었는데 바로 뒤에 나올 쪽샘토기행렬도를 분석하다 보니 묘한 것을 보게 되었답니다.

첨성대 서쪽 가까운 곳에 봉화대(봉수대)로 보이는 건물이 두 개나 있더랍니다. 금방 뭔가가 스쳐지나 가실겁니다. 첨성대에 가까운 봉화대라! 요거 만만하시죠. 바로 이 첨성대가 봉화신호를 관리하는 곳이라는 것을! 즉, 9층탑 등의 관측소(첨성대도 자체적으로 관측이 가능할 겁니다)에서 먼 곳에서 온 불이나 연기신호를 인지한 후 반월성(왕궁)에 알리면, 거기서 판단한 후 가까이에 있는 첨성대에 연락하겠죠, 그러면 아주 가까운 봉화대에 '불을 3분간 3분간격으로 두번 피워라'라고 전달할 겁니다. 세번 피우나? 그건 잘 모르겠네요. 궁궐에다가 설치하기도 그러니 궁궐에서 가까운 곳에 봉화대를 지은 것 같답니다. 이 토기행렬도의 봉화대를 보다 보니(물론, 봉화대가 확실히 맞아야만 성립되겠죠), 이 첨성대(관공서 건물)가 어쩌면 봉화대를 관리하기 위해서 지은 느낌이 물씬 풍기더랍니다.

그렇다면, 관측기능·민간신앙·봉화대 관리사무소 중 어느 용도가 맞을까요? 헷갈리실 겁니다. 저는 더 헷갈리네요~ 아! 머리 아파~ㅎㅎ~ 저 개인생각으로는 봉화대 관리사무소(국가비상업무)가 가장 중요한 기능으로 보인답니다. 그런데, 한가지 더 생각해 보셔야 할 것이 있답니다. 거의 매일 봉화불을 피운다는 건 국가가 굉장히 위험한 상황이라는 의미이겠죠. 아마 전시상황이라는 의미일 겁니다. 이 전시상태가 오래 지속되면 안되겠죠?

그 시대에는 대부분 국지전이었을 겁니다. 간단한 부딪힘은 전방에 있는 장군이 알아서 해결했을 것이며, 증원군이나 식량 등이 필요할 때에만 봉화를 이용했을 겁니다.

그러고 보니, 이 봉화대는 거의 이용되지는 않았을 것 같답니다. 1년에 몇 번 정도 봉화불을 피웠을 겁니다. 적게 피울수록 평화시기라는 말이겠죠. 그러니, 이 봉화대 관리사무실은 할 일이 별로 없었을 겁니다. 비상대기 인원만 소수 있었을 겁니다. 이 비상요원조차도 봉화대로 왔다 갔다 했을 겁니다.

그래서 엄청 많은 생각을 해 보면, 기본기능은 봉화대관리사무소이지만 실제로는 일반인에 개방하여 관측기능과 민간신앙기능을 수행한 것 같네요. 즉, 세 기능을 다 갖고 있는 것 같답니다. 저의 순수한 개인생각이므로 여러분들도 같이 한번들 생각해 보이소. 혹시 아나요, 기똥찬 기능이 있었는지~ㅎㅎ~

하여튼 이 첨성대는 건물은 쥐꼬리(?)만한데 아주 재미있는 기능이 많이 있는 것 같답니다. 생각하면 할 수록 묘한 건축물이네요!

## Ⅶ. 쪽샘 토기행렬도(보물지도)

이 쪽샘 44호분 토기행렬도를 보신 분들이 제법 있을 겁니다. 저는 2019년 10월에 경주신문 기사를 보고 알았답니다. 쪽샘은 첨성대 북쪽에 있는 지역(황오동)으로 지금은 마을이 거의 다 옮긴 상태랍니다. 이 쪽샘(신라시대때부터 있었는지는 모르겠으나 쪽샘이라는 샘이 있었나 봅니다) 지구 중에 44호분이 있는데, 이 토기행렬도는 44호분의 부장품은 아니고 호석(무덤 둘레에 쌓는 돌) 주변에서 발견되었다고 하네요. 아마 토기가 깨져서 깨어진 토기를 이어서 펴 놓은 상태(전개도)로 일반에 공개된 것으로 보인답니다. 정식명칭은 쪽샘 44호분 토기행렬도(발견된 위치도 중요하겠죠)이나 저는 그냥 '(쪽샘)토기행렬도' 라고 부르겠습니다. 부장품이면 당연히 44호분을 넣어야겠지요. 이 44호분 위치는 정확하게는 모르겠으나 첨성대와 아주 가까이 있답니다. 이 토기행렬도에는 그 당시 첨성대 주변의 주요부가 표시되어 있어서 위치 지도로서도 아주 중요한 지도인 것도 같답니다(행렬이 있어서 행렬도라고 표기는 하나 차라리 첨성대 주변지도라고 하는 것이 더 맞을 것도 같답니다).

그래서, 제가 조금 심도(?)있게 분석해 보겠습니다. 당연히 첨성대와도 관련이 있을 겁니다.

### 1. 첨성대와 안압지(첨성대가 요기 있었네 : 책제목)

제가 이 토기행렬도를 보는 순간 '와! 이런 그림도 다 있구나'라고 생각했겠죠. 이런 그림을 토기에다 새기다니 대단한 친구였겠구나라고 생각을 했답니다.

근데, 제가 더 놀란 것은 딱 보는 순간 중간에 있는 형상이 ~야! 이거 첨성대잖아~ㅎㅎ~ 라고 직감했답니다. 보자마자 첨성대라는 걸 어떻게 인지할 수가 있을까요? 이글을 읽으시는 분 중 금방 첨성대라고 인지하신 분은 첨성대 형태를 완전히 인지하고 계신 분이랍니다~ 축하드립니다~ㅎㅎ~ 저는 토기행렬도를 보기 훨씬 전(약 10년전)에 벌써 첨성대의 해독을 마친 상태로 첨성대 형태를 완전히 인지하고 있으니 보자마자 금방 알아내겠죠~ 바보가 아닌 이상~~

저희들이 어떤 것을 자주 보아 눈에 익으면 그것이 무엇인지 금방 알아차리죠. 길가다가 아주 멀리에서도 어떤 친구를 보든, 그 친구의 뒷모습만 보든, 아님 걸음걸이만 봐도 그 친구를 한 눈에 알아 볼 수가 있잖아요. 어떻게 인지할 수가 있죠. 바로눈에 익어 그렇겠죠. 맨날 보던 친구를 인지 못하시면 본인이 쪼께, 아니 많이 문제가 있을 수도 있겠죠!

토기행렬도 중간에 있는 주전자인지 꽃병인지는 모르겠으나 보는 순간 첨성대라고 인지하신 분은 첨성대에 아주 관심이 있으신 분이고, 저게 뭐지? 하는 친구는 공부를 쪼께 더 하셔야 겠지요! 벌칙(?)으로 첨성대 모양을 두 세번 정도 끌쩍끌쩍거려서라도 그려 보시면 금방 알아보실겁니다. 그리다 보면 눈에 익게 되실겁니다. 억수로 쉽게 얘기드리면 그리시다 보면 그만큼 숙성이 된다는 얘기겠죠!

그림 중간쯤에 있는 첨성대를 보실까요. 첨성대 몸체 같지 않으세요?
아주 잘 생겼잖아요.
첨성대 몸통 상부에 있는 양쪽으로 벌어진 게 뭐였더라?

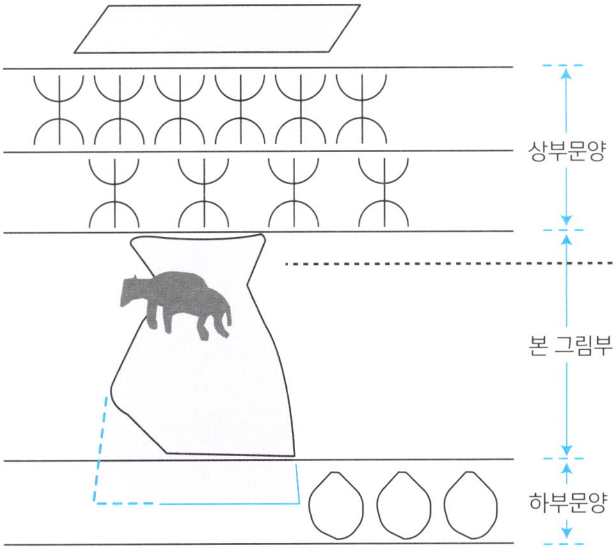


[그림 101] 그림 중간에 있는 첨성대 형상

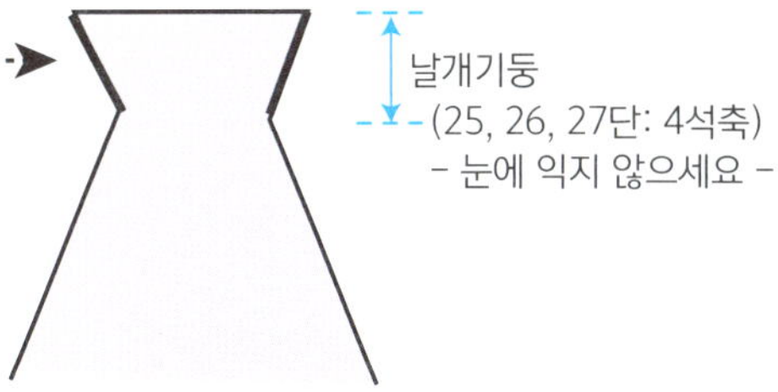


[그림 102] 첨성대 상부의 날개 기둥

바로 날개기둥(첨성대에서는 날개벽)이잖아요. 기억나시죠. 지붕판대기를 살짝 받쳐주는 날개기둥 역할의 팔이잖아요!

행렬도 그림을 보시면, 본 그림 상부에는 목(木)자 문양이 2단이 있고, 본 그림부가 있으며, 하부에는 마늘모 형태의 문양이 1단으로 있답니다. 본 그림부에 표현하고자 하는 모든 것들이 들어가는 것이 맞으나 좁을 경우는 상·하 문양부에도 제법 침범한 상태랍니다(가까이 있거나 멀리 있거나 하는 것들은 위치잡기가 조금 애매했던 것 같기도 하답니다. 우리 화가 아재가 쪼께 헷갈리신듯! 즉, 원근조절법으로 문양부를 이용한 것 같네요).

보자마자 첨성대를 인지하긴 했는데 아무리 봐도 지붕판(관측소 바닥판)이 안보이더랍니다. 그런 뒤 한참 시간이 흐른 후 다시 보니 첨성대 한참 윗쪽에 그것도 상부 문양부마저도 벗어나서 지붕판이 지 혼자 둥둥 떠 다니더랍니다. 토기에 그림 그리신 화가가 문제가 있을까요, 아님 제 눈에 문제가 심각할까요? 아마 제 눈이 문제가 심각한 게 맞을겁니다. 혼자 쪼께 웃었답니다. 아마 본 그림이나 문양에만 너무 집착한 나머지 윗쪽을 완전히 무시해 버렸나 보네요. 이 정도로 제 사고의 유연성이 막혀 버렸나 보네요~ 문제 심각~ㅋㅋ~

먼저, 토기행렬도와 행렬도 주변의 주요 대충도를 보시죠.

[그림 103] 2014년부터 진행중이던 경주 쪽샘지구 문화재복원작업중 44호분에서 발굴해 복원된 토기에 새겨진 '토기행렬도'

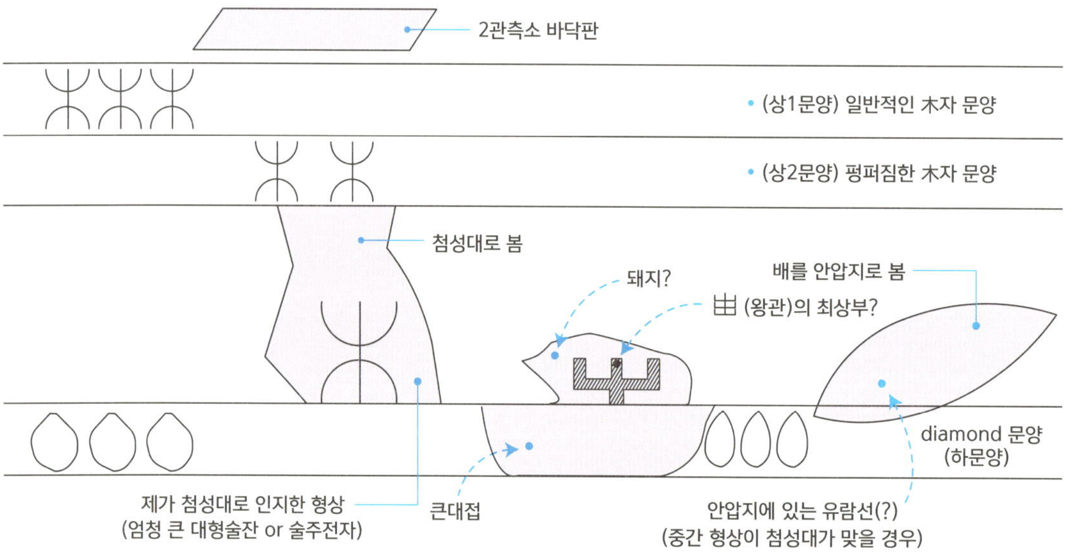


[그림 104] 토기행렬도 주요 대충도

그리고, 첨성대 주변의 주변위치도도 한번 보시죠(신라시대나 현재나 비슷할 겁니다. 그런데, 현재의 첨성대 남쪽길이 행렬의 주도로인것 같은데 그때나 지금도 같은 길인지는 확실치는 않네요).

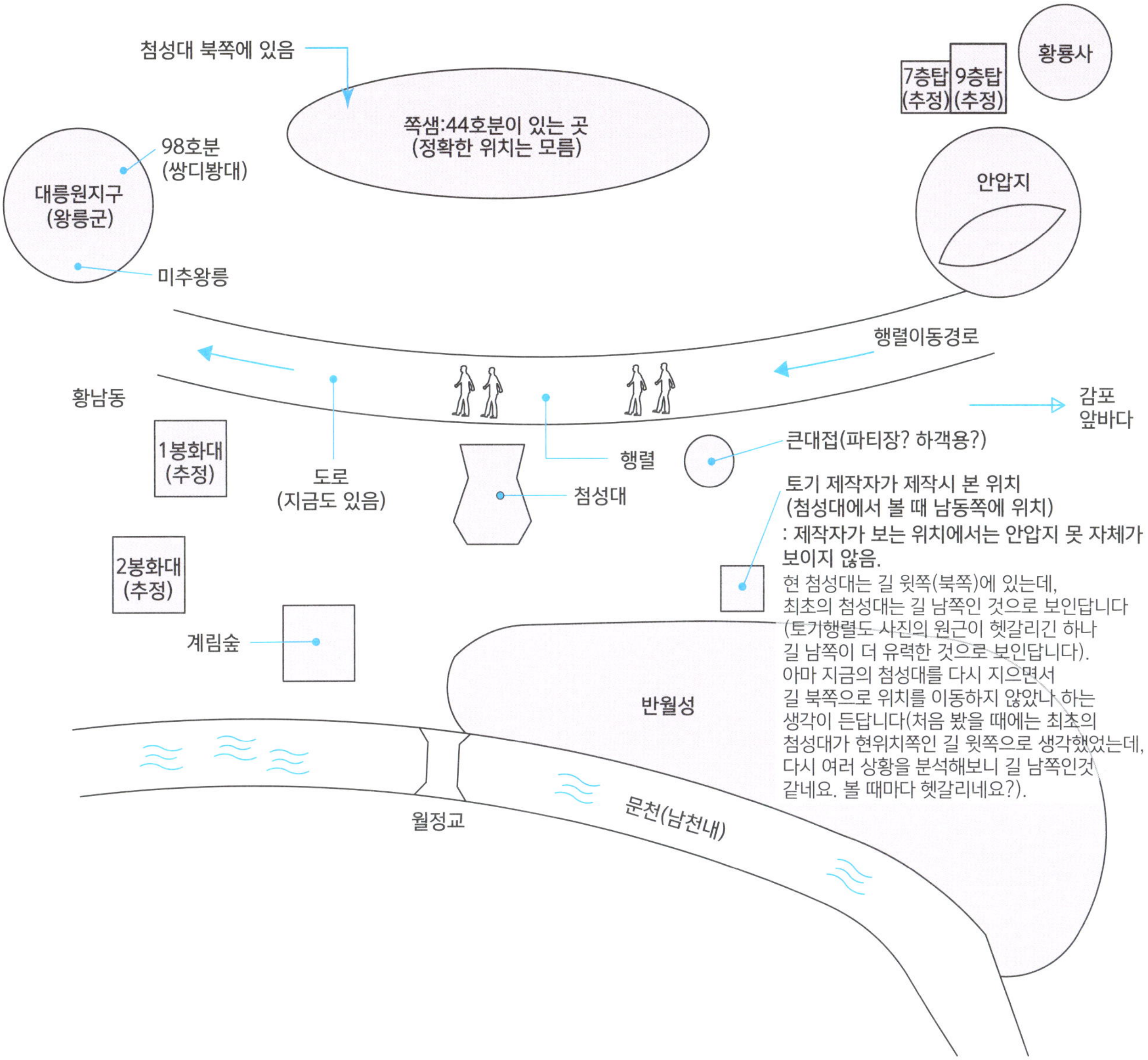


[그림 105] 첨성대 근처 개략도

이 첨성대 지붕판이 어디에 있는지 볼까요.

그리고, 지붕판을 붙여볼까요.

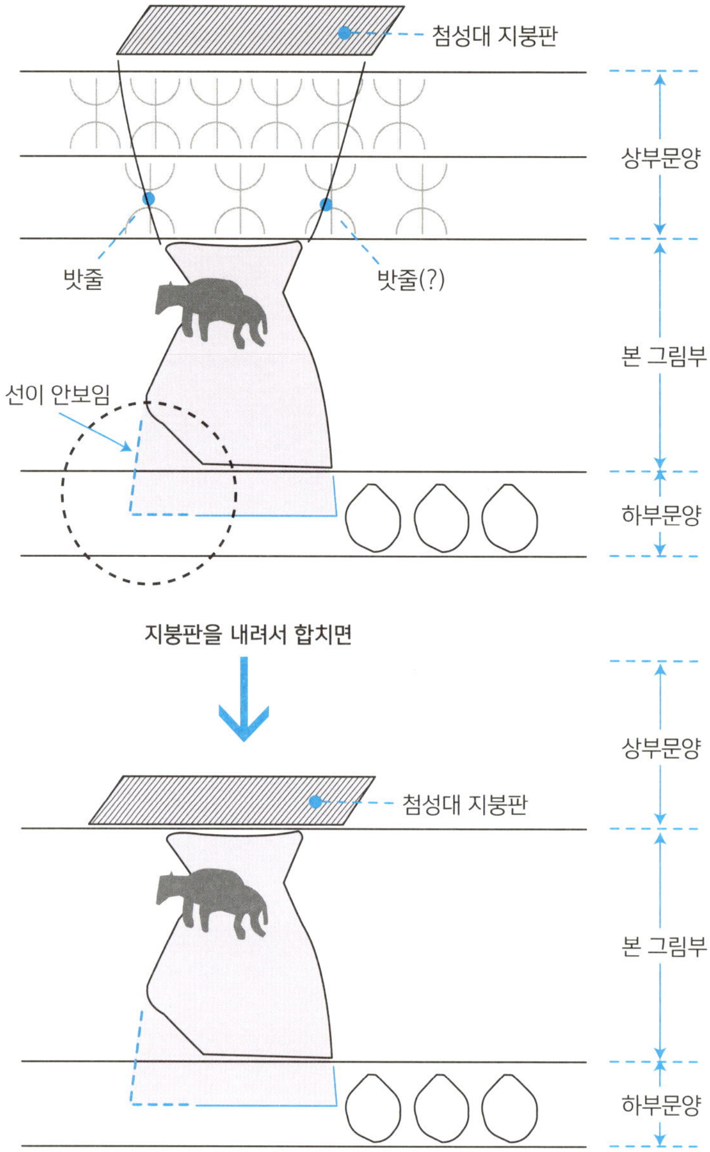


[그림 106] 토기행렬도의 첨성대 지붕판 위치 - 공중(上), 몸통과 지붕판을 붙인 모습(下) : 제 자리를 찾았네요~

토기행렬도의 지붕판은 공중에 붕 떠 있답니다. 이 화가분이 미안(?)해서인지 몸통부와 지붕판을 밧줄로 꽁꽁 묶어 놓았네요. 바람에 안 날려가게! 안 묶어놔도 알 수가 있는데, 하여튼 고마우신 아지아네요. 아마도 그릴 공간이 좁아서 바깥으로 쫓아내 버린 것 같네요. 지붕판이 아주 중요하므로 미안해서인지 나중에라도 살짝 집어 넣은 것으로 보인답니다.

또한, 첨성대 몸통하부쪽도 하문양부를 좀 침범했네요. 이 화가분에게는 첨성대가 엄청 중요한 건물로 인지됐나 봅니다. 행렬의 중간쯤에 넣은 걸로 봐서도 알 수가 있겠죠. 살짝 농담이긴 하나, 이 글을 읽으시는 분들 중 정말 sense 있는 친구라면, 토기행렬도가 첨성대 근처에서 발견된 것만

으로도 이 중간에 있는 형상이 첨성대라는 걸 금방 인지하실 겁니다. ~
너무 영리한 친군가~ㅎㅎ~.

근데, 관측소 바닥판(지붕판)의 생김새가 조금 이상한 것 같지 않으세요?
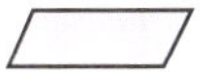 이렇게 생겼네요~ㅋㅋ~ 1관측소지붕판은 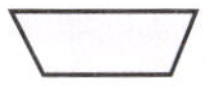 요러케 생겼답니다.
2관측소지붕판은 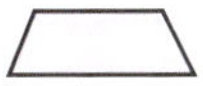 이렇게 생긴것이 정상인데, 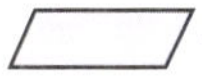 이따구로 생겼네요?
이 화가분이 왔다리갔다리 하시는 분 같지 않으세요? 이 기회에 정신 좀 차리게 해줄까요?
살짝 농담이구요. 이유는 정확치는 않겠지만, 이 화가분이 첨성대의 남동쪽(반월성쪽)에서 이 그림을 그린 걸로 보이며, 지붕판이 8각 형태이므로 두 선을 다같이 좌측으로 그은 것 같답니다.
즉, 지붕판 전체를 둘러 보면 , 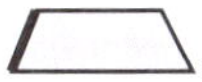,  이런 식으로 보이니 연속성을 지키기 위해 좌측선만을 표현한 것 같기도 하답니다? 최근 다시 분석해 보니(?), 첨성대지붕판이 외부에서 볼 때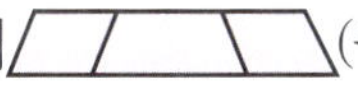(중간선은 변곡선 ∵지붕판이 8각형) 이렇게 생겼으니, 좌측부분()만 급하게 넣은 걸로 보인답니다(미안하지 않아도 되는디! 너무 양심적이네요~).
만약 정남쪽에서 그렸다면 당연히 지붕판을  이렇게 그렸을 겁니다.
제 추리력(?)이 설득력이 있는 것 같나요? 제가 더 헷갈리네요.

이젠 첨성대 동쪽에 있는 안압지를 찾아봐야겠네요. 이 화가가 그림그린 위치로 봐서는 화가의 눈에는 안압지(요즈음(2011년 7월부터)은 동궁과 월지로 불리운답니다)가 보이질 않을 겁니다. 어떻게 아냐구요? 저는 눈뜨고도 알 수 있거들랑요! 아마 이 화가분은 안압지 위치를 표기하기는 해야 하는데 연못(?)이 워낙 크니까 연못을 상징하는 배만 살짝 그린 것 같답니다(신라시대에는 안압지에 유람배가 동동 떠다닌 것 같네요). 토기행렬도의 본 그림부 우측을 보시면 잘은 모르겠지만 배같이 생긴 것이 있을 겁니다.

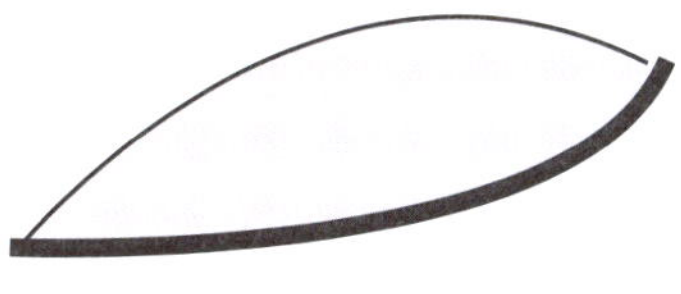

[그림 107] 행렬도속의 안압지 표시 : 통통배(행렬도 우측쪽)

이렇게 생겼네요. 배같이 생긴 것 같나요? 통통한게 나무 잎파리 같다구요~ㅋㅋ~
배위에는 행렬무리도 지나가는 것 같네요(실제 안압지는 행렬보다 더 먼 곳에 있다는 표시일겁니다). 이 행렬도에 웬 배같은 것을 이 화가가 새겨 놓았을까요. 안그려도 아무런 문제가 없는데? 이상한 생각이 들지 않으세요! 이땐 한 잔머리 퍼뜩 굴리셔야죠~ㅎㅎ~
바로 이 행렬이 안압지에서 흥을 즐긴 후 첨성대를 지나 지금의 황남대릉원 쪽으로 가고 있다는 걸 알리기 위함이겠죠.

제 한 잔머리가 그럴싸 한가요?~ㅎㅎ~
배의 형태를 보시면 약간 통통한 유람배(유람선이 맞나! 헷갈리네) 모양이랍니다.
아마도 안압지에서 흥을 즐긴 후 시 한수 읊는 유람용으로 타는 배모습 같답니다. 이젠 신라시대의 유람배 형태까지 알아 버렸네요. 만약 감포(경주 동쪽 항구) 앞바다의 고기잡이배라면 조금은 더 날씬형일 겁니다.  이렇게요. 꼭 바이킹배같네요~ㅎㅎ~

이 행렬이 어떤 행렬인지는 모르겠으나, 아마 좋은 날(국가행사나 잔치 등)인 것 같답니다. 무얼 보고 알 수가 있을까요? 그림 중앙 약간 우측 하부를 보시면, 대형접시(받침대) 위에 도야지 한마리가 딱 자리를 잡고 있거들랑요. 볼까요.

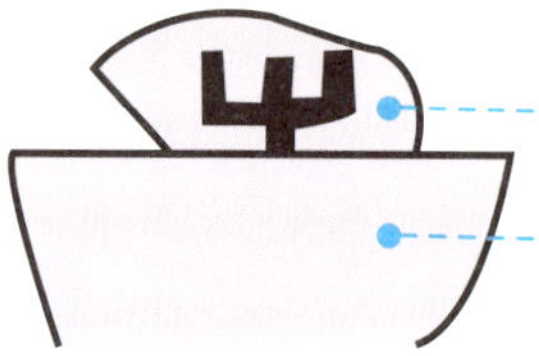

[그림 108] 돼지와 받침대

와! 통돼지네요. 통돼지바베큐같기도 하네요. 맛있겠다!
많은 분들이 드시겠죠. 당연히 여분의 돼지도 있겠죠.
이 돼지를 자세히 들여다 보시면, 몸통중간에  이런 표시가 있을 겁니다. 참 해독하기 힘들답니다. 저는 간단히 왕관의  자 상부쪽을 표현한 걸로 생각이 스쳐 지나간답니다.
즉, 이 도야지는 왕(국가)이 하사한 것임(王표 도야지 바비큐~ㅎㅎ~)을 표현한게 아닐까 하고 생각해 본답니다. 여러분들의 생각은?

이 도야지 그림을 보면 첨성대·안압지·반월성(왕궁) 사이의 넓은 공간이 어떤 연회장(국가 or 개인) 느낌이 많이 들기도 하며, 전장에 나가는 병사들을 위한 출정식공간일 수도 있다는 생각이 들기도 하네요. 전장에 나가기 전에 충성! 충성! 충성! 정도는 외치고 나가야 전쟁을 이기겠죠! 행렬도를 그리신 이 화가분은 첨성대 주변을 저만큼(?) 빠삭하게 알고 계셨던 분 같답니다. 동네 한량이었나?

그림에서 보셨듯 첨성대뿐만 아니라 안압지까지 있어서(주변위치가 확실함), 이 책제목을 '첨성대가 요기 있었네'라고 지었답니다. 마음에 드시는지요!!

## 2. 봉화대

이 토기행렬도에 봉화대가 표현되어 있을까요? 참 판단하기가 어렵답니다.
토기행렬도의 좌측을 한번 보실까요.

[그림 109] 봉화대로 추정되는 건축물 형태

도면을 보시면 본 그림부에 아주 큰 와인잔(?) 같은 것이 있으며 하문양쪽에도 뭔지는 잘 모르겠지만 꽃병주둥이 같은 것이 있답니다.
저는 처음에는 그림부에 있는 봉화대만 있는 줄 알았는데 유심히 보니 하문양쪽에도 봉화대로 추정되는 건축물이 상부쪽(주둥이쪽)만 살짝 보이더랍니다.

그래서 봉화대가 두 개가 있는 걸로 판단했답니다. 어떻게 봉화대라는 걸 인지할 수가 있을까요?(정식명칭은 낮에는 연기, 밤에는 불을 피운다고 봉수대라고 한답니다. 근디! 연기도 불을 피워야 나오는디?) 봉수대라는 표현이 맞으나 여기서는 봉화대로 표기하겠습니다. 행렬도의 두 건물이 왜 쌍봉화대 인지를 알아보겠습니다. 물론 추정이긴 하지만 그래도 어느정도는 신빙성도 있어야겠지요.
저희 황남빼이(황남초등학교 출신)들만 이해할 수 있지마는 그래도 분석을 해 봐야겠죠.

제가 언어분석학자는 아니지만 언어분석법(?)으로 한번 분석해 보겠습니다.

저희 동네(황남동) 애들은 98호분(황남대총: 쌍봉왕릉임)을 보고 쌍디방대(쌍디 보앙대)라고 부른답니다. 어릴 때에는 무슨의미인지도 모르고 따라 불렀답니다.
상식적으로 98호분(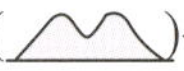)을 쌍디봉(쌍봉)이나 쌍디능(쌍릉)이라 불리우는게 정상적으로 보이는데, 쌍디방대라고 지금까지도 대대로 불리우고 있는걸로 봐서는 이 98호분 주변 어딘가에 예로부터 두개의 봉화대(쌍디 봉화대)가 있었다는 의미이겠죠.

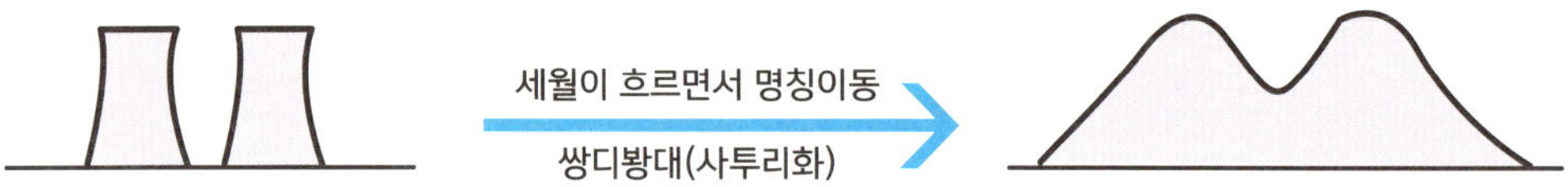


[그림 110] 두개의 봉화대(쌍디 봉화대)(左), 쌍능(쌍디방대) : 봉화대보다 훨씬 크고 높음(右)

다른 동네애들보다는 황남동네 애들이 우리 황남동네 말을 이해하기가 더 쉬울겁니다.
~ 아닌가!~

그런데, 이 토기행렬도를 보다가 이 꽃병 같은 놈이 도통 뭐지라고 생각하고부터는 있는 머리 없는 머리 다 굴려봤겠죠. 그것도 모자라 잔머리공법(?)까지 동원해서 굴려 보았답니다.
당연히 쌍디방대의 어원이 이 꽃병과 어떤 관련이 있을 것 같다는 생각에서였겠죠.
토기행렬도의 꽃병위치가 첨성대와 가까우면서 쌍디방대쪽이거들랑요. 그래서 직감적으로 이 꽃병같이 생긴 건물이 봉화대일거라고 생각하게 되었답니다(토기행렬도에서의 건물(구조물) 표시는 어떤 형태(형상)를 갖고 있는 것 같음). 제 생각으로는 봉화대가 사라지고 몇 백년의 시간이 흐른 후 근처에 있는 이 쌍왕릉(98호분)의 봉우리가 어느 정도 높이(봉화대는 약간 높은 곳에 있어야 된다고 생각했겠죠)도 있고 하니 봉화대 이름을 따라서 쌍디봉화대로 불리우다가 쌍디방대로 자연스레 이름이 바뀐 걸로 보인답니다(사투리화). 더 시간이 흐른 조선시대(중기)의 학자들이 경주에 놀러 와서는 동네사람들에게 저 높은 것이 무어냐고 물어 보니 동네 사람들이 '방대' 라고 대답했겠죠(조선학자들은 왕릉이라는 사실조차도 전혀 모르는 상태임. 무식(?)한 건가!). 이 학자는 여관방에 돌아와서 밤새도록(?) 생각한 끝에 방대를 봉황대로 착각(?)하여 '경주가서 봉황대를 보고 왔다' 라고 했겠죠. 그래서 이 방대가 지금은 봉황대로 알고들 있답니다(학자니까 시가 되었든 뭐가 되었든 기록에 남겼겠죠. 근데, 조선시대의 봉황은 조금 멍청했나 보네요! 하고 많은 산천이 널려 있는데 하필이면 남의 능(무덤)위에다 둥지를 트고 놀았을까요! 아님, 조선학자들이 너무 무식(?)해서 지으낸 말이었을까요?).
~웃기는 건가! 무식한건가~ㅋㅋ~

이제까지 언어분석법 기준(?)이었답니다(분석이 쪼깨 엉터리 같죠!).

이 언어분석법(봉화대→빵대→ 봉황대... 언어는 살아 움직이므로(?) 더 많은 언어의 변천과정도 있었을 겁니다) 만으로는 이 꽃병같이 생긴 놈이 봉화대인지가 확실치 않을 수도 있으므로 한가지 더 분석해 보겠습니다. 바로 봉화의 주기능인 송수신을 분석해 봐야 할겁니다. 봉화를 관측할 수 있는 관측소(일반목탑과 첨성대)와 관련이 있을 겁니다. 변방에서 봉화로 서라벌에 어떤 신호를 보내면 이 신호를 7·9층탑 등의 관측소에서 제일 먼저 인지한 후 반월성(왕궁)에 알릴 겁니다. 물론 첨성대도 자체적으로 봉화를 관측할 겁니다. 왕궁에서 어떤 결론을 내린 뒤 가까운 첨성대로 연락하면 첨성대에서 아주 가까운 봉화대로 연락하여 결론 신호를 변방으로 연락한 것으로 보인답니다. 그래서, 이봉화대는 첨성대 인근이 제일 양호하고 안전한 것으로 보인답니다. 더 가깝다고 관공서(일반목탑) 근처나 왕궁인 반월성에 봉화대를 세우는 것도 좀 그렇네요.
그러고 보니 첨성대의 기능이 봉화대 관리사무소가 하나 더 추가되네요. 이 봉화대의 폭이 넓은 걸 보면 아마도 2중 구조(내피와 외피, core 1&2 개념)로 되어 있는 것 같네요. 안(내피)에서 불을 지피면 날린 불꽃이 외피에 떨어지는 구조겠죠. 화재예방차원의 아주 고차원(?)적인 구조네요.
봉화대가 두개이며 이 두개의 건물형태(생김새)가 다른걸로 봐서는, 하나는 불을 지피고(야간) 다른 하나는 연기를 지피는(주간) 것 같은 느낌이 들기도 하네요.

제가 이 빵대라는 언어분석(?)과 봉화대의 기능(송수신)을 분석해서 이 토기행렬도의 첨성대 좌측(서쪽)의 꽃병같이 생긴 걸 봉화대로 추정해 본 것이랍니다. 듣고 보니 그럴싸한 것 같나요?

판단은 스스로!(제 생각은 생각일 뿐이므로 여러분들도 같이 한번 생각해 보이소!)

## 3. 9층탑과 7층탑

이 행렬도에 9층탑과 7층탑의 위치가 표기되어 있다구요? 믿을 사람은 아마 아무도 없을 겁니다. 저도 당연히 믿질 않겠죠. 그래도 혹시 9·7층탑의 위치가 나타나 있을지도 모르니 한번 찾아봅시다. 이 토기행렬도가 아니면 어쩌면 영원히 알 수가 없을 테니까 반드시 행렬도 그림에서 찾아내어야 할 겁니다. ~정가가 쪼께 끈질기죠 ~ㅎㅎ~

이 9·7층탑의 위치를 알아 내실려면 먼저 신라일반목탑(관공서: 1~9층탑, 첨성대)을 어느 정도 이해해야만 찾아낼 수가 있답니다. 신라탑을 풀다 보면 7층탑의 위치는 알 수가 없는데, 묘하게도 9층탑(높이 108m)의 위치는 어렴풋이 알아낼 수가 있답니다. 알아내실 분 계시나요? 알아내시는 분은 아마도 점괘에 아주 능통하신 분일 듯? 그런데, 저희들은 점은 못치지만 알아낼 수 있는 방법이 있답니다. 바로 9층탑의 흔적을 찾아내면 알 수가 있겠죠.

9층탑이 불에 타버렸는지 무너져 버렸는지 조차도 모르고 있지만, 그 어떤 기록에도 신라일반목탑에 대해서는 없답니다(다만, 사찰목탑인 황룡사9층목탑은 기록이 남아 있답니다). 근데, 희한한 것은 그 많은 일반목탑 주초들이 흔적도 없이 사라져 버렸답니다. 아마 농사 등을 짓기 위해서 주춧돌들을 깨어서 북천내(알천)에 버렸나 보네요(희한하게도 북천내에는 자갈들이 아직도 많이 남아 있답니다. 이상하지 않으세요? 원래 자갈이 많은 강일 거라구요? 그건 모르겠네요~). 그런데, 천운인지 하늘이 도우셨는지는 모르겠으나(같은 말인가?) 희한하게도 9층탑의 주초가 남아 있답니다. 그것도 네 개나 남아있답니다(현재까지 제가 확인한 것 기준임, 더 많이 남아 있을 수도 있답니다). 혹시 보신 분 계시나요? 보신적이 없으시다구요! 저도 살짝 잘 속이지마는 우리 아재도 살짝 속일 줄도 아나 보네요~ㅎㅎ~ 예! 보시고도 전혀 9층탑의 주초인지를 인지하지 못했을 뿐이랍니다.

그럼, 이 9층탑의 거대한 주초가 어디에 있을까요? 혹시 황룡사지에 가보신분 계시나요? '하! 거기야 가봤지'~ 축하드립니다~ 가보셨으면 분명히 보셨을 겁니다. 보고도 몰랐을 뿐이랍니다~ㅋㅋ~ 일반적으로 이 9층탑현존주초를 '장육존상의 대좌'로 용도 자체를 잘못들 알고 있거들랑요. 저희들이 잘못 알고 있는 게 한 두갠가~ㅋㅋ~
예! 정확히 황룡사지 남쪽에 4개의 9층탑주초가 현존하고 있답니다.

근디, 이상한 느낌이 들지 않으세요? 꼭 귀신에 홀린 느낌이 드실 겁니다. 저도 똑같이 느낀답니다. 어떻게 9층탑 주초가 황룡사지에 있을까요? 귀신이 곡을 할 일이랍니다. 휙 날아서 거기까지 갔나? 이제 어느 정도 감을 잡으셨을 겁니다. 바로 황룡사 근처에 9층탑이 있었다는 걸 의미할 겁니다. 어쩌면 황룡사지 일부가 9층탑 건립시 9층탑의 작업장이었을 수도 있으며, 아니면 조금 떨어진 9층탑의 작업장에 버려두었던 주초들을 황룡사에서 어떤 필요에 따라서 옮겼을 수도 있답니다. 이 거대한 주초는 옮기기가 쪼게 힘든 거대한 돌삐랍니다. 아마 옮겨도 아주 근거리 이동정도는 가능하겠죠. 이런 정황으로 봐서 이 9층탑(관공서)이 안압지(동궁과 월지)와 황룡사 사이에 있다는 걸 완전하게 인지하고 있었답니다. 유일하게 위치추정이 가능한 일반목탑이었답니다(사실은 옥룡암바위에 9·7층탑이 새겨져 있다는 것만 봐서도 9·7층탑이 안압지쪽일 거라는 것 정도는 인지해 낼 수가 있답니다. 이 9·7층탑을 바위에 새길려며는 최소한 몇 년(5~10년) 이상을 새겨야 되는데 간단한 스케치나 기억만으로는 새기지 못할겁니다. 그렇다면 거의 매일 옥룡암에서 쪼로로 내려와서 9·7층탑을 봐야만 새길 수 있었을 겁니다. 옥룡암의 위치를 보면, 옥룡암에서 쪼로로 내려오면 안압지와 황룡사가 한눈에 쏙 들어올 겁니다. 물론 9·7층탑도 한눈에 쏙 들어왔겠죠).

이미 제가 이 9층탑의 위치를 인지하고 있는데, 토기행렬도의 그림들을 유심히 안볼리가 없겠죠. 바로 배로 표시된 안압지 상부(북북동쪽)를 뚫어지게 쳐다 봤답니다. 그림에 빵꾸라도 나면 진짜 아무것도 안비는디! 본 그림부에는 아무것도 없더랍니다. 윗쪽에 있는 두단의 상부 문양을 보니까 희한하게도 뭔가가 있더랍니다.

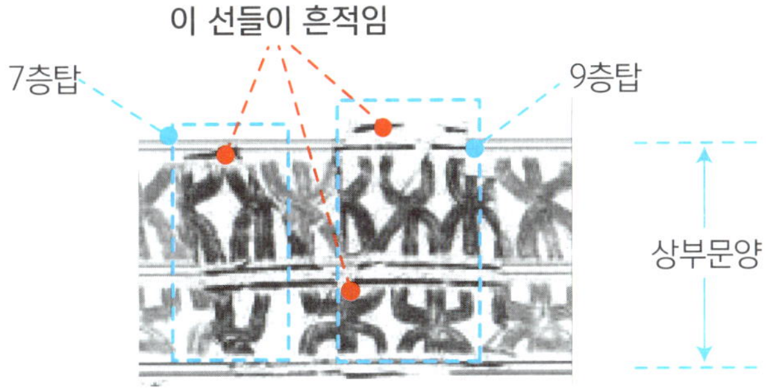


[그림 111] 안압지 위쪽에 있는 9층탑과 7층탑의 위치도(선들과 짙은 색상부위)

처음에는 직사각형 같은 것이 한 개가 외부 선만 희미하게 보이더랍니다(자세히 보시면 선 내부는 약간 짙은 색으로 칠해진 것 같음. 어떤 무엇인가를 표현하고자 하는 암시로 보인답니다).

'와! 이게 9층탑이네'라고 빙긋이 웃었겠죠~ 쉽게 얘기하면 한 건 한거랍니다~ㅎㅎ~

그러다, 9층탑의 좌측을 보니 9층탑보다 약간 낮은 듯한 어떤 한 놈이 또 희미하게 보이더랍니다. '하! 니놈 잘 만났다. 이 놈이 바로 7층탑이로구나'라고 중얼거렸겠죠~~

제가 보자마자 어떻게 7층탑이라고 알 수 있었을까요? 제가 귀신? 설마 귀신은 아니겠죠. 7층탑 높이는 9층탑 높이(108m)의 0.8배로 86.4m라는 걸 미리 알고 있었거들랑요. ~하! 제가 귀신이 맞기는 맞네~ㅋㅋ~

다만, 9·7층탑을 탑모양으로는 표현하지는 않았네요(아마 위치 정도만 표시한 것 같음). 그래도 이 화가의 기막힌 표현법(?)으로 9층탑은 알고 있었지마는 7층탑의 위치까지도 알아내었답니다. 7층탑은 아마도 9층탑과 가까운 서남쪽 정도인 것으로 보인답니다.

그래도 아쉬운 점이 있다면, 황룡사9층목탑이 9·7층탑보다 더 멀어서인지 표기가 안되어 있네요. 관공서만 표기했나?

종합해 보면, 반월성(왕궁)에서 안압지(동궁과 월지)까지가 왕궁개념이라면 현재의 정부 종합청사격인 7층탑과 9층탑은 왕궁과 가까운 북동쪽에 자리잡고 있었네요.
아마 1층탑과 3층탑도 반월성쪽에 가까웠을것 같네요. 다만 아직까지 5층탑의 위치만 오리무중이랍니다. 아무래도 관공서인 신라일반목탑들은 왕궁과 가까이 있어서 서로 업무소통이 잘 되게 배치했나 봅니다. 근데, 제가 잘 보긴 보았나? 믿을 분만 믿으세요. 저는 저자신도 잘 안 믿는 놈이랍니다~~

이제까지 잘 보셨듯이 이 쪽샘토기 행렬도가 어떤 행렬을 그린 것 같으나 덤으로 주변정황을 어떻게라도 최대한 표현한 것으로 보이네요, 고마우신 화가분이시네요 덕분에 첨성대 주변에 있었던 여러 건축물도 공짜(?)로 구경했답니다. 저라면 이 토기행렬도를 행렬도는 맞지만 첨성대 주변위치도라고 명명할 지도 모른답니다. 이 지도에는 아직도 저희들이 잘 모르는 어떤 것이 숨어 있을지 모르니 유심히 찾아보세요. 비록, 제 눈에는 건물만 보이지만, 어떤 것에 눈이 익으신 분은 제가 찾아내지 못했던 것들도 한 눈에 알아볼 수도 있거들랑요~ 보물찾기~
제가 이 첨성대 책자를 내는 중요한 이유 중 하나가, 바로 이 행렬도에 첨성대를 포함한 여러 위치가 표기되어 있기 때문일 겁니다. 그리고 이 토기행렬도에서 아직 분석하지 못한 것들이 제법 있답니다. 여러분들도 이것들이 뭘 의미하는지를 한번 생각해 보세요.
제가 보기에는 토기라기보다 보물단지로 보인답니다~ㅎㅎ~
그리고, 첨성대 속의 木자문양과 돼지속의 出자 상부 및 멀리 있는 9&7층탑의 위치까지 넣은 걸 보면 이 화가분은 무엇인가를 강하게 표현하고자(그림으로나마) 하는 의도성(목적)이 있었던 걸로 보인답니다.

근디! 화가 사인이 없노~ㅎㅎ~

## 4. 상하 테두리 문양의 비밀

행렬도의 그림은 아니지만 상하테두리 문양도 무엇인지는 모르지만 어떤 의미가 있는 듯하니 한번 살펴보고 갑시다. 혹시 행렬도의 그림과도 어떤 관련이 있을지도 모르잖아요.
이 화가분이 아무 생각없이 공들여 상하 문양을 넣지는 않았을 겁니다. 근디? 양옆테두리 문양은 안 비노? 저도 이상하긴 하네요! 이 행렬도는 깨어진 토기(동글방 함)에 새겨진 그림을 펴놓은 상태의 전개도 개념이므로 액자 속의 그림과는 다릅니데이!

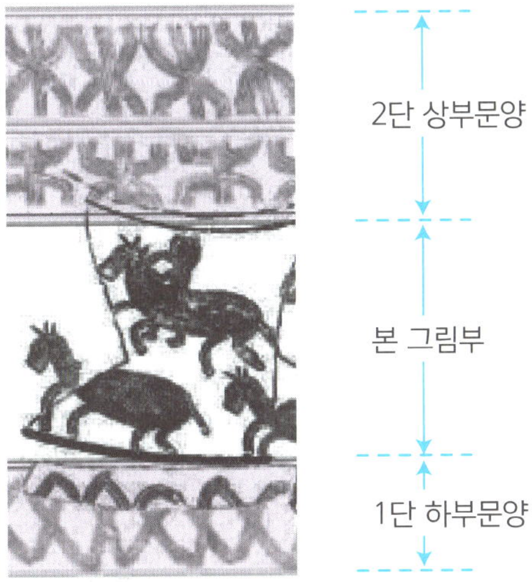


[그림 112] 상하테두리 문양

본 그림인 행렬 상하부에 테두리 문양이 보이실 겁니다. 상부에는 나무 木자인지 뭔지는 잘은 모르겠지만 木자 2단문양이 있으며, 하부에는 diamond인지 마늘모 문양인지는 모르겠으나 1단의 문양이 있답니다. 이 두 문양이 무엇을 의미하는지를 잘 몰라서 그냥 새겨 놓았구나라고만 생각했답니다. 그런데, 하부의 마늘모 문양의 정체(?)가 서서히 모습을 드러내더랍니다. 저는 삼각문양(△)은 신라탑류에 가끔 등장해서 의미는 잘 모르지만 약간 친숙한 문양인데, 이 마늘모 문양이 무얼 의미하는지 전혀 인지하지 못하고 있었답니다. 그런데, 어느 날 TV에서 '다섯 개의 다이아몬드'라는 프로그램을 보다 보니, 이 행렬도의 하부 마늘모 문양이 스쳐 지나가더랍니다. 제가 관심이 갔겠죠. 사실 이 프로그램을 그 전에도 몇 번을 보았는데도 행렬도의 마늘모 문양과는 연결을 시키지는 못했답니다. 제가 대가리가 나빠도 많이 나쁜가 봅니다! 이 프로그램에서 천전리 암각화에 이 마늘모문양이 새겨져 있다고 하네요. 이 천전리 암각화에는 선사시대부터 신라시대(화랑도 이름 등)의 조각들이 새겨져 있다고 하네요. 여러분들이 지금 걷고있는 황리단길에서 남쪽으로 내려가시면, 포석정과 삼릉이 나올겁니다. 조금 더 내려가시면 봉계와 언양이 나오며 여길 지나면 천전리 암각화가 나올겁니다. 조금 더 내려가시면 우리에게 친숙한 반구대(고래그림과 소 등이 새겨져 있음)도 나올겁니다.

이 천전리에는 암각화도 중요하지만 공룡발자국 흔적도 있으며 계곡강바닥의 돌삐가 아주 특이할 겁니다. 정가가 안 가볼 놈이 아니겠죠!

이 천전리 암각화의 마늘모 문양(◈ 2중 마늘모 형태임, 행렬도 마늘모는 ◇ 단선 마늘모 형태임)이 중요한 것은 이 마늘모 문양이 어떤 무엇을 상징한다고 하네요. 여러 학자분들의 공통된 견해는 여성을 상징한다고 하네요. 아주 쉽게 얘기드리면 다산을 기원하는 상징이랍니다.

그렇다면, 토기행렬도에서의 하부문양인 마늘모의 상징이 확실하다면, 혹시 대칭성이 있는 木자 상부문양은 남성을 상징한다고 생각해 볼 수도 있답니다. 물론 순수 제 개인 생각이겠죠. 사실, 제가 나무 木형태의 문양일 거라고 표현은 했지마는 보면 볼 수록 어떤 친구가 기뻐하는지 뭘 기원하는지는 모르겠지만 두 팔과 두 발을 크게 벌리면서 포효하는 듯한 느낌이 물씬 풍긴답니다. 여러분들도 그렇게 느끼시는지요. 그렇게 느끼신다구요~ 하! 우린 이제 아삼육이네요~ㅎㅎ~

그래서 여러 많은 생각을 해 보면, 상하테두리 문양에서 상부문양은 남성을 상징(왜 2단문양인지는 연구가 더 필요하겠죠. 주둥이 때문인가?)하고, 하부 문양은 여성을 상징하여 다산과 풍요를 기원하는 테두리 문양으로 꾸민 것 같답니다. 본 그림만 그려도 되는데 굳이 상하부에 의미 있는 상징 문양을 넣었네요!

행렬도의 첨성대 몸체를 유심히 보신 적이 있으신지요? 아니 지금 봐보세요. 잘 보시면(대충 보셔도 됨) 남성상징(?)인 木자 문양이 하나 보이실겁니다. 상문양에 들어가야 할 이 남성상징 문양이 왜 첨성대 한복판에 박혀 있을까요? 쫓겨났나? 알다가도 모를 일이네요. 혹시 첨성대 몸통이 아지매 엉디라서 쳐다보다가 아지매 엉디에 퐁당 빠진 건 아닐까요~ㅋㅋ~ 해학이 철철 넘쳐 흐르는 것 같지 않으세요. 그건 그렇고, 이 첨성대 몸체 복판에 있는 이 남성이 보이신분이 있으신가요! 보이셨다면 눈이 아주 맑으신 분일 겁니다. 이 남성이 보이신 분은 혼자서도 거뜬히 첨성대를 푸실 수 있는 능력을 갖춘 분이랍니다~ㅊㅋㅊㅋ~

이 행렬도에서 보셨듯, 첨성대도 다산기원(다목적일 수도 있음)을 하는 곳이며, 상하 문양도 다산과 풍요를 기원하는 의미가 있으며, 행렬을 보시면 어떤 기쁜 날의 행렬인 걸로 보인답니다.

모든 것을 종합해 보면 이 토기조각가 분은 국가의 풍요와 다산을 기원하는 마음으로 새기신 것 같답니다. 근데, 제 눈에는 건물밖에 보이지가 않는데, 제가 이런 문양의 상징성에 관심을 가져도 되는지 모르겠네요! 어떤 문양의 상징성에 눈이 밝으신 분이 큰 소리 한번 쳐 주이소.

무조건(?) 따르겠습니다. ~ 제가 제법 순해졌죠~ㅎㅎ~

## - 맺음말 -

재미있게 읽으셨는지요 알 듯 말듯 하실겁니다. 이 첨성대가 행운의 탑인 것이 어떤 붕괴과정에서 사라진 첨성대를 후대의 어떤 분인지는 모르겠으나 기록 (전해오는 애기나 기억 및 그림 등등) 된 것을 보고 비록 축소시키기는 했지만 어떻게라도 첨성대라는 흔적을 남겼네요. 이 현재의 첨성대라는 흔적이라도 있어서 원래의 첨성대를 추정해 낼 수가 있답니다. 만약 아무런 흔적도 없이 기록물에 첨성대라는 것이 있었다라고만 기록되어 있다면, 첨성대 자체가 어떤 형태인지조차 알 수가 없으니 첨성대의 원형을 알 수가 없을 겁니다. 참 고마우신 아지아네요~ 감사~

비록 축소된 첨성대라도 그나마 남아 있으니 신라일반목탑의 원리를 적용해서 원형을 완벽하게까지는 아닐지라도 알아낼 수가 있답니다. 거기다 다행인 것은 토기행렬도라는 위치지도에 첨성대라는 친구가 딱 버티고 서 있잖아요. 이렇게 운이 좋은 첨성대랍니다. 다음에 오실 때에는 초한자루씩 들고 오셔서 아들딸 팡팡 낳아달라고 기도하세요~~

보셨듯이 이 첨성대는 일반목탑(관공서 건물)으로 묘하게도 -1층탑(?)이랍니다.
이 첨성대는 일반목탑이므로 일반목탑을 완전 이해하시면 눈감고도(저는 눈을 뜨겠습니다?) 알 수가 있답니다. 첨성대는 일반목탑의 조그마한 한 부분(2관측소)이거들랑요. 어떻게 하면 이 일반 목탑을 이해할 수가 있을까요? 그 전에 일반목탑이라는 말조차도 못들어 보셨을 겁니다. 아니! 이 일반목탑에 대해서 아는 분이 대한민국에 존재조차하지 않는 답니다. 옥룡암바위와 2마애조상군에 버젓이 새겨져 있는데도! 참 서글프고 한심한 현실이랍니다. 그 단단한 바위에 신라탑을 새기신 분이 얼마나 정성드려 후세에 알리려고 피땀 흘렸을까요? 또한 토기 행렬도에도 일반목탑인 첨성대를 새겨 놓았답니다. 이 얼마나 큰 행운입니까. 너무 고마우신 아재들이랍니다. 이 분들께 깊이 감사드립니다. 훌륭한 유산은 반드시 후세에 알려야 한다는 투철한 투사들이었답니다.
우리들이 본받아야 할 정신이랍니다.

일반목탑(사찰목탑과 구분하기 위한 이름임)을 어떻게 하면 알 수가 있을까요? 모르시겠다구요! 현재까진 알 수 있는 방법은 두가지 정도가 있을겁니다.
첫번째는 본인이 직접 옥룡암바위에 새겨진 조각탑과 2마애조상군에 새겨진 조각탑을 분석해서 해독하면 되겠죠. 이것이 힘이 드신다고 생각되시면, 두 번째로 제가 펴낸 "탑의 신비를 찾아서"를 이해하시면 된답니다. 제가 펴낸 이 책에는 일반목탑(1~9층탑, 첨성대, 석굴암)에 대해서 아주 상세하게 기술되어 있을 겁니다. 9층탑이 제일 중요한 탑이겠죠(제가 내용중에 엄청 많이 얘기드렸을 겁니다. 아마 중요하기 때문일겁니다). 그 다음은 7층탑일 겁니다. 이 일반목탑들은 반드시 다시 지을 겁니다. 아니 지어야만 한답니다. 그러고 보니 첨성대도 일반목탑에 낑겨 있네! 맞습니다.
비록 막내지만 첨성대도 반드시 지을 겁니다. 이 일반목탑은 지구상에서 지어진 건축물중에서 가장 과학적인 건축물이기 때문이겠죠. 아주 간단한 산수로 풀 수가 있거들랑요~ㅎㅎ
이 일반목탑의 원리를 아셔야만이 사찰목탑이나 석탑류들을 이해하실 수가 있답니다.
왜냐구요? 이 일반목탑에 근거하여 사찰목탑이나 석탑류들이 다 파생된 건축물이거들랑요.
이 일반목탑의 이론을 모르시면 사찰목탑이나 석탑류들을 이해하기가 무척이나 힘드실 겁니다. 아니 이해자체를 못하실겁니다. 그냥 아! 석가탑이 이렇게 생겼구나 정도로만 알겠죠~ 쪼께 불쌍한 느낌이 드실겁니다~ㅋㅋ~

또한, 가장 중요한 것은 이 일반목탑을 이해하셔야만이 이 일반목탑이 대대로 이어질 겁니다. 이 책을 처음 접하시거나 건축쪽이 아니신분은 약간은 어렵게도 느껴질 수도 있겠지만 시간을 두고 천천히 읽어보시면 완벽하지는 아닐지라도 기본개념은 이해하실 겁니다.
이 책은 일반목탑이 기본이지만 지루하실(?)까봐 양념(?)으로 신라사찰목탑(황룡사 9층목탑 등)과 중요한 신라 석탑류도 넣어 봤답니다. 또한, 부여쪽 분들이 '백제탑은 와 안비노!' 라고 할까봐 백제사찰목탑과 유명한 백제석탑들도 살짝 가미되어 있답니다. 쉽게 얘기드리면 신라와 백제시대의 탑들 중 우리에게 친숙한 이름의 탑은 다 들어있다고 생각하시면 된답니다. 이 양념탑(?)들은 간단하므로 이해하기가 더 쉬우실 겁니다. 그런데, 이 책을 펴낸 주목적인 일반목탑은 내용이 방대해서 그런지 쪼께 지겨우실 수도 있답니다. 제가 글끈이 짧아서 그런건가?

그냥 이 책은 저희들이 알고 있어야 할 기본교양서라고 생각하고 보시면 마음 편하게 읽으실 수 있을겁니다. 우짜다 보니? 첨성대책 내려다 제 책 소개서가 되어 버렸네요~ㅎㅎ~
물론 이 책에도 당연히 첨성대편이 있을겁니다.

혹시 읽으시다가 이 첨성대를 '우리집 마당에 한번 지어봐?' 라는 생각이 드시는 분도 계실겁니다. 짓고 싶으십니까? 예! 직접 지으실 수 있답니다. 혼자가 힘이 드시면 여럿이 힘을 합쳐도 될겁니다. 그런데 조금은 기다려 보세요. 짓고 싶으시더라도 첨성대를 완벽하게 이해하시는 시간이 필요할 겁니다. 또한 사전에 충분한 준비기간이 필요하실 겁니다. 이 책을 읽으시는 분이 짓고 싶으시다면 2025년 4월 이후에 짓고 싶습니다라고 신청하세요.
~모든 건 다 공짭니다~ 심사는 정가가 알아서 할 겁니다.~ 공정성이 없다구요!! 맞습니다.
아마 제 주관이 쪼께 들어갈 겁니다?~ 지금 당장 짓고 싶으시다구요? 쪼께 급하신 분이신가 보군요~ 그리 만만하지 않습니데이~ 2025년 3월까지는 경주시에 우선권을 드려야겠지요. 다른 분이 먼저 지어버려 경주시가 징징 짜면(?) 제 맘이 쪼게 불편하겠죠. 경주시에 먼저 기회를 드리는 것이 예의이고 공정한 게임이겠죠.~ 그러고 보니 공정한 game은 아닌것도 같네요?
우선권에는 경쟁이 없습니데이!~ 하여튼 제가 그렇게 결정했답니다.
아! 첨성대 한번 짓기 힘드네!~딱! 한분(곳)에게만 지을 기회를 드릴겁니다..

제가 펴낸 '탑의 신비를 찾아서'에는 신라탑, 백제탑들이 모두 망라되어 있답니다.
그런데, 어떤 곳을 여행한다고 할 때, 예를 들면 첨성대에 가봐야겠다고 생각이 들 때 미리 기본상식을 알고 가면 보는 재미도 있을 것 같고 뭔가가 든든하실겁니다. 제가 펴낸 책을 들고 다니시면 불편하기도 하지만 무거워서 여행을 잡칠지도 모르겠죠. 그래서 제가 여행지역에 따라 간편한 소책사가 필요하셨구나라는 생각이 들어 이 '첨성대가 요기 있있네'라는 소책자를 제일 먼저 내어 봤답니다. 그런데, 불국사쪽으로 가면 기본상식을 어찌 알지? 걱정하지 마세요. 불국사 쪽에는 석굴암·다보탑·석가탑 등을 묶어서 소책자를 내면 되겠죠. 아주 간단히 여행지역쪽 국가유산의 상식을 알게 될 겁니다.

분황사쪽으로 가시면, 분황사 7층석판탑, 황룡사 9층목탑 등을 묶어서 묶음책을 내면 될겁니다. 근디, 분황사 쪽에는 가게가 없는디 어디서 책을 사지? 아마 분황사쪽 책을 사시려면 첨성대쪽을 먼저 가보고 거기서 책을 사야겠죠! 그리고, 익산쪽으로 가시는 분은 미륵사 7층쌍탑·미륵사 7층사찰목탑·왕궁리 5층석탑 등을 묶은 책이 있을 겁니다. 앞으로는 여행상식이 쭉쭉 늘어나실겁니다. ~근디, 아직은 생각단계랍니다. 현재로선 희망사항이랍니다?~
그래서, 처음 펴낸 이 첨성대 소책자에 관심을 보내시면 후속편 소책자도 발행될 확률이 높다고 봐야겠죠. 관심밖이면 아마 물건너 갈 확률이 무척 높다고 봐야 될 겁니다.

제가 가끔 첨성대에 가보면 문화관광해설사인지 가이드인지는 모르겠으나 관광객 10~20명 정도 앞에서 첨성대에 관해 열심히 설명하는 걸 본답니다. 그러면 제가 생각을 해보겠죠. 이 해설하시는 분이 첨성대에 대해서 얼마나 많이 알고 설명하는지가 항상 궁금하더랍니다.
그래서 아마 제가 이 책을 낸 것인지도 모르겠네요.
또한, 이 책은 비록 지식재산권일지라도 마음에 쏙 드시면 마음대로 사용하셔도 된답니다.
저희들이 알아야 할 상식이기 때문일 겁니다. 또한 정확한 국가유산 상식도 필요하겠죠.

아무쪼록 첨성대와 주변 구경 잘 하시고, 이 책에 관심을 가져 주심에 감사의 말씀을 드립니다.

2025년 3월 정상현 씀

# Index

# Index

# 첨성대 석축의 곡선모습

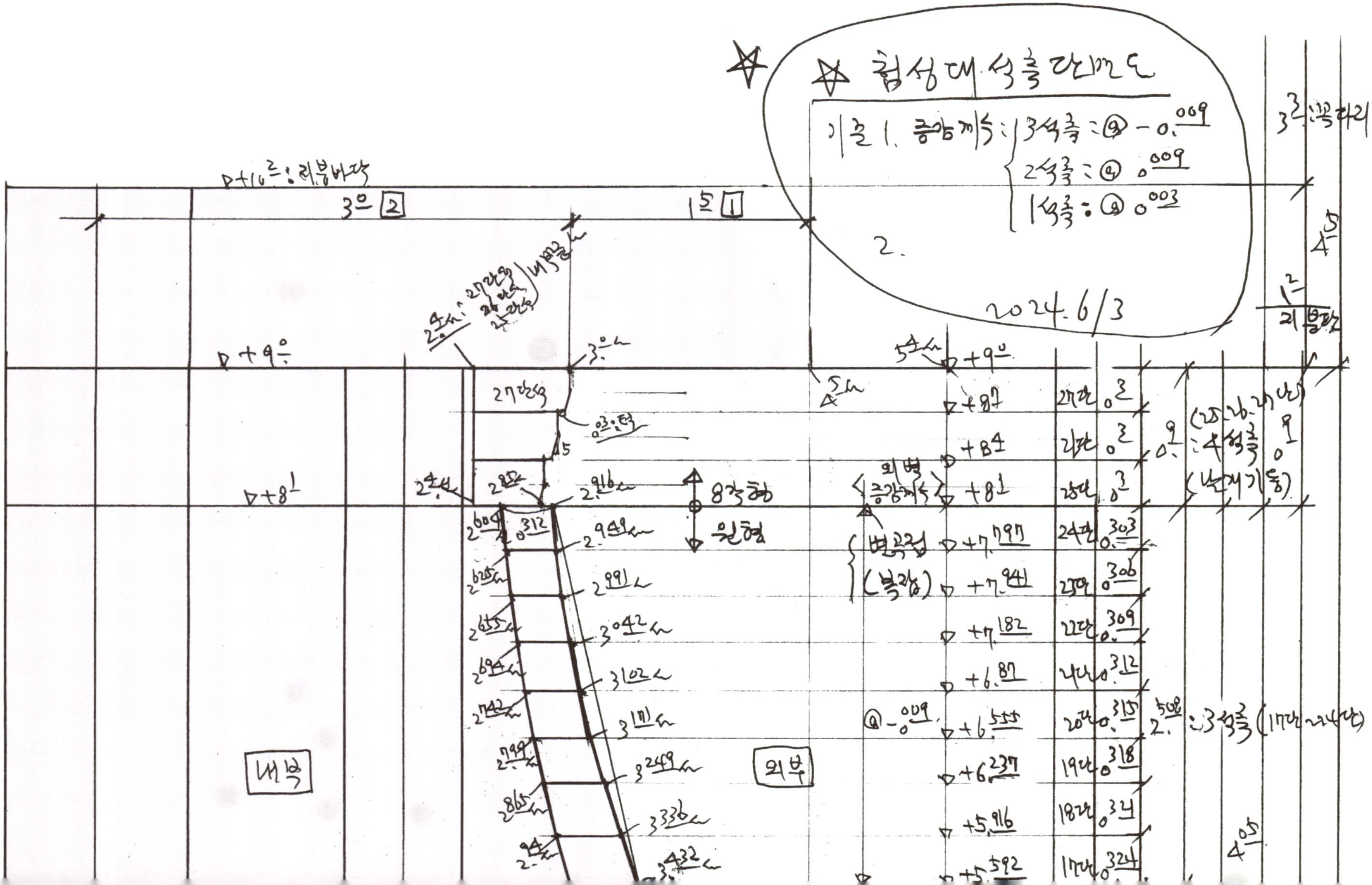

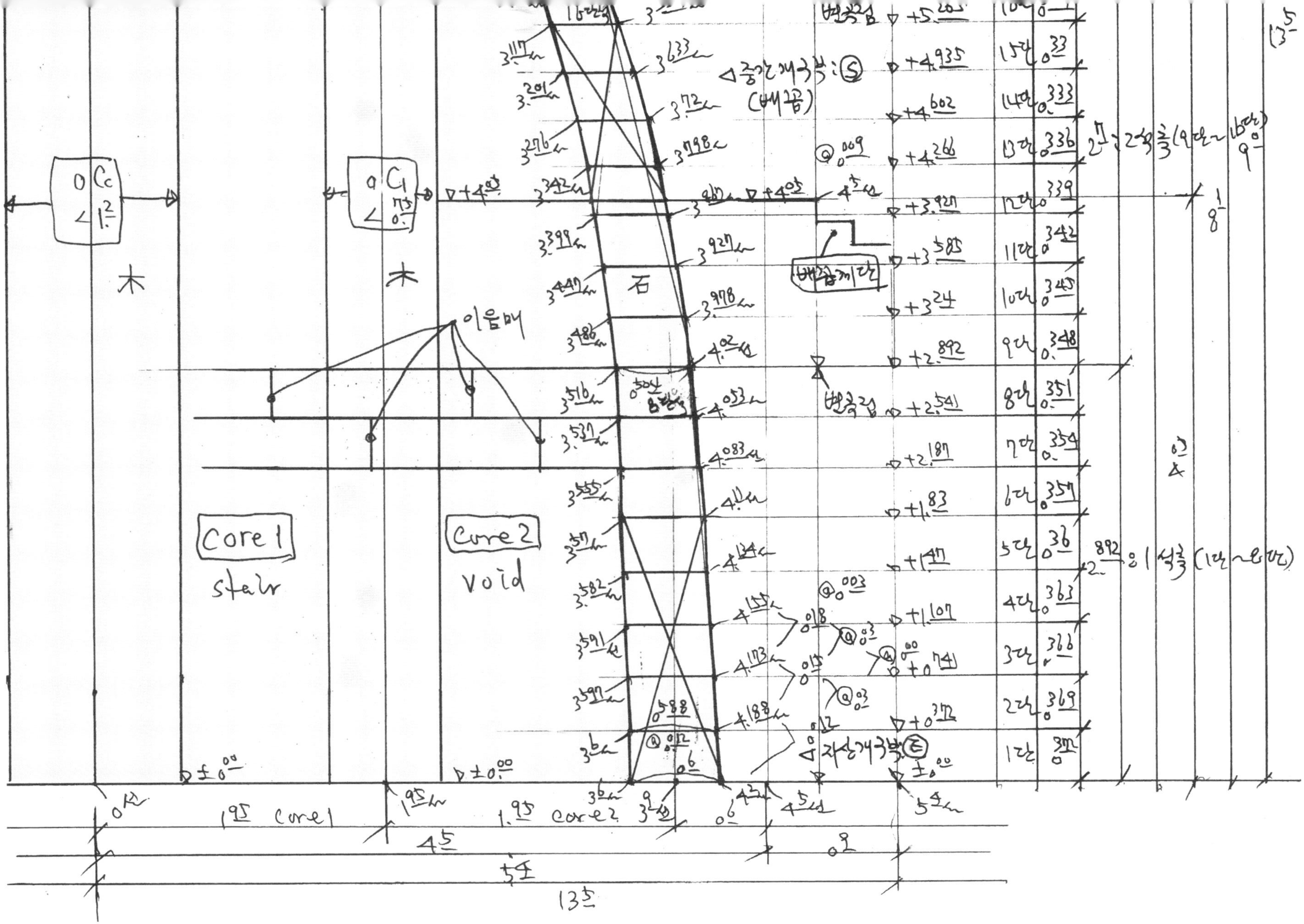
Core 1
stair
Core 2
void
이음매
石
木
배수계단
중간지지점 (S)
자연지지점 (E)
1.95 core 1
1.95 core 2
4.5
5.4
13.5

첨성대 지붕평면도

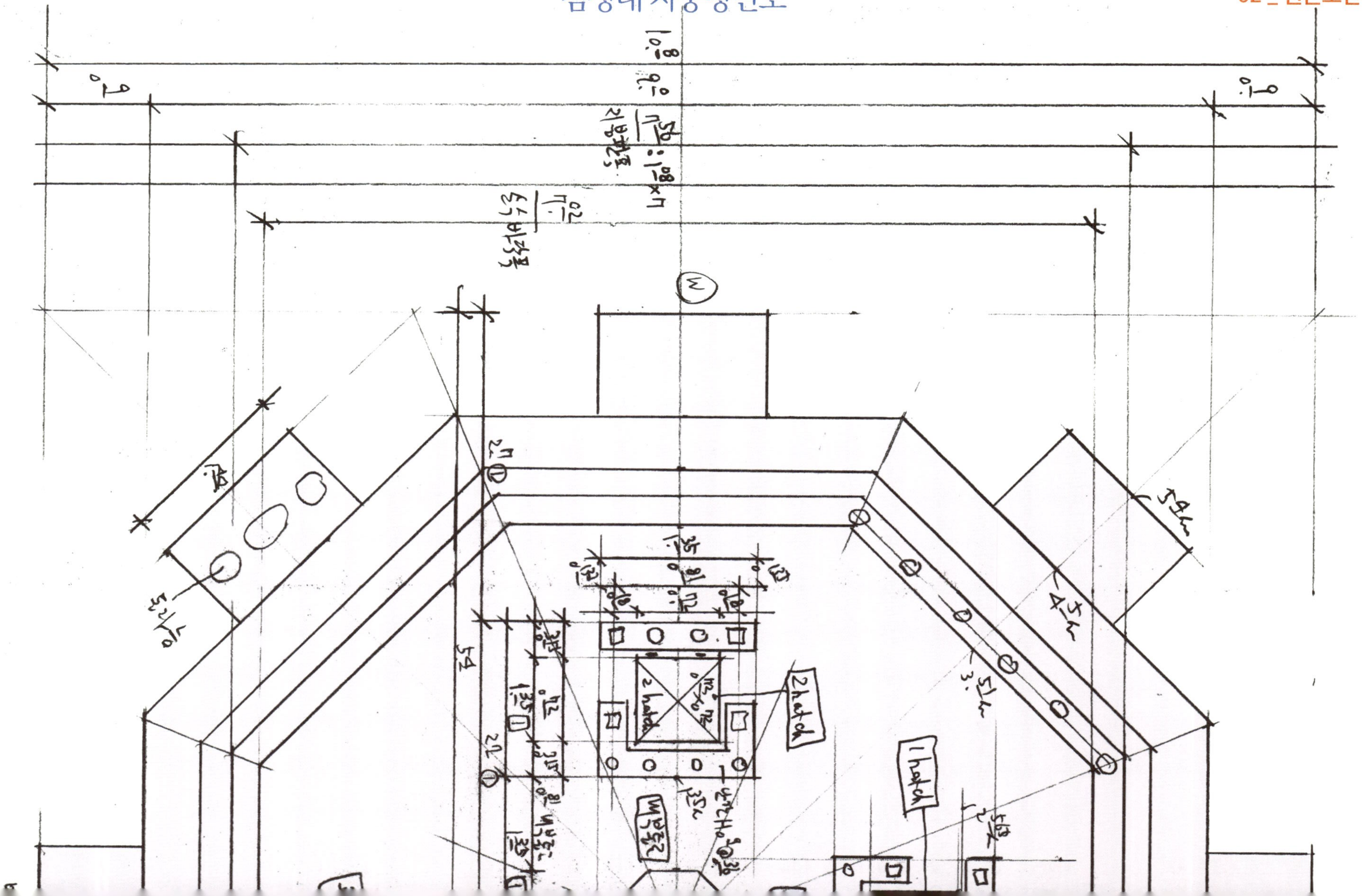

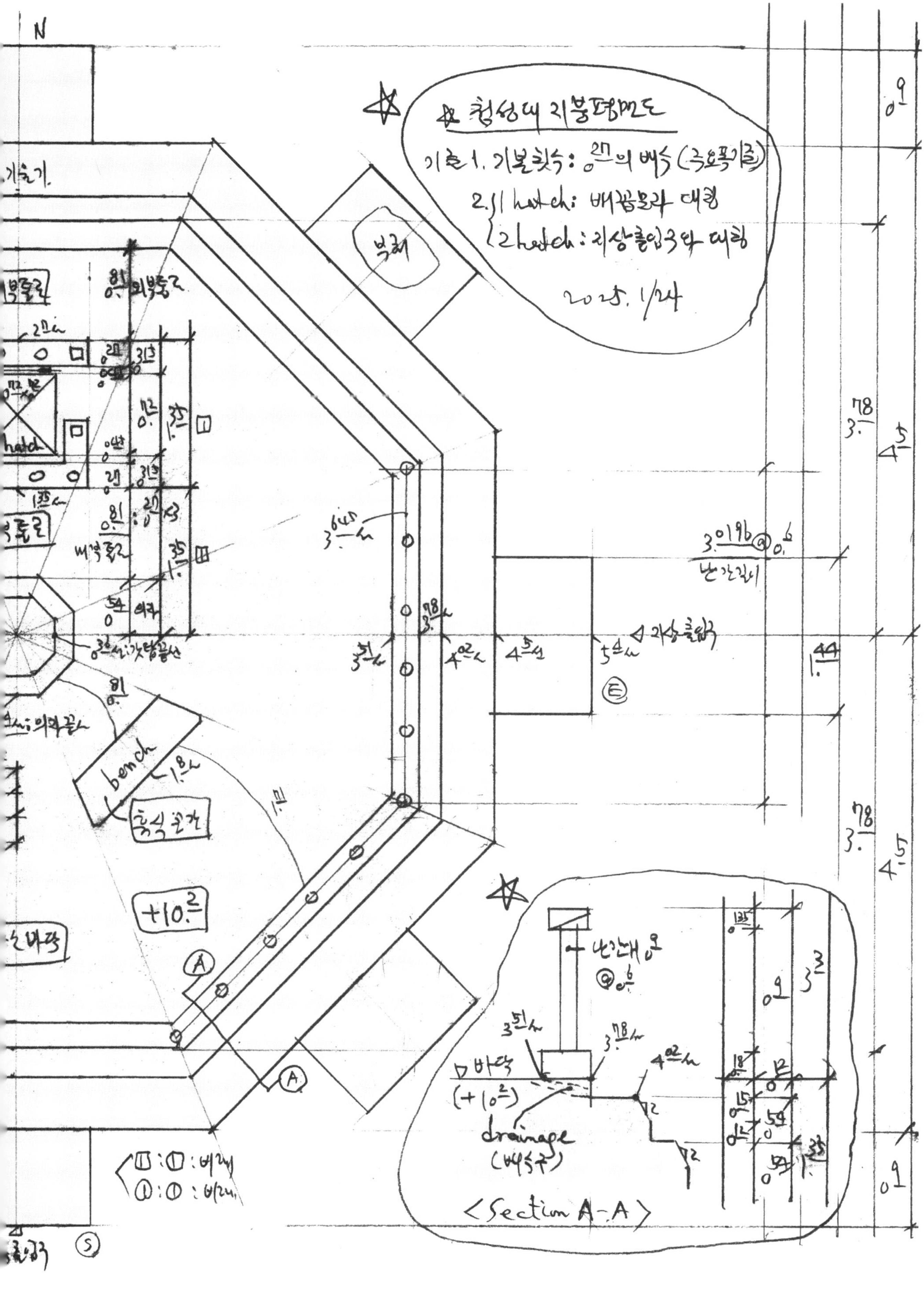
N
2025. 1/24
bench
+10.2
drainage
(배수구)
<Section A-A>
난간길이

첨성대 개념도

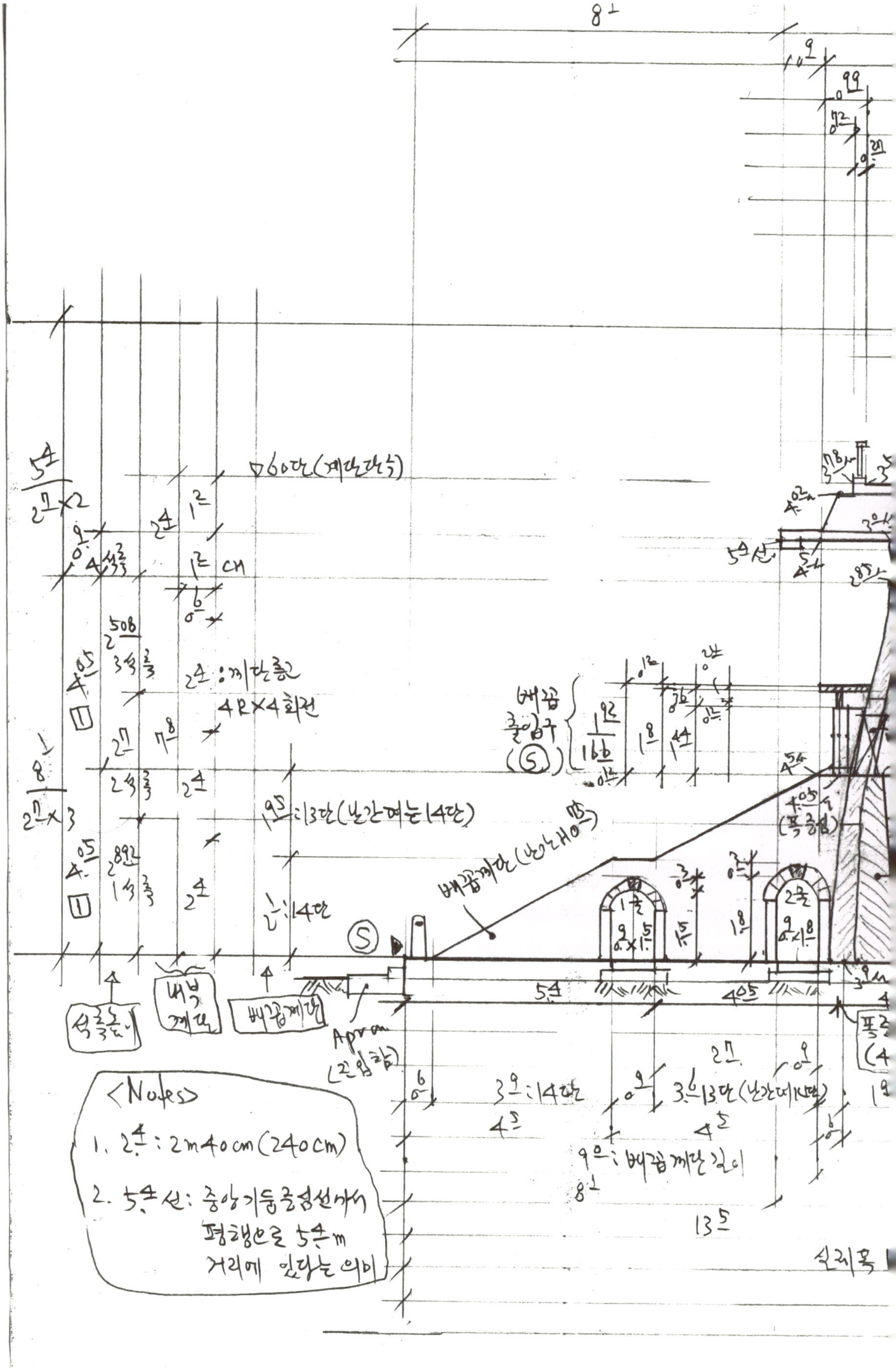

<Notes>
1. 2.4 : 2m40cm(240cm)
2. 5.4선 : 중앙기둥중심선에서 평행으로 5.4m 거리에 있다는 의미
Apron

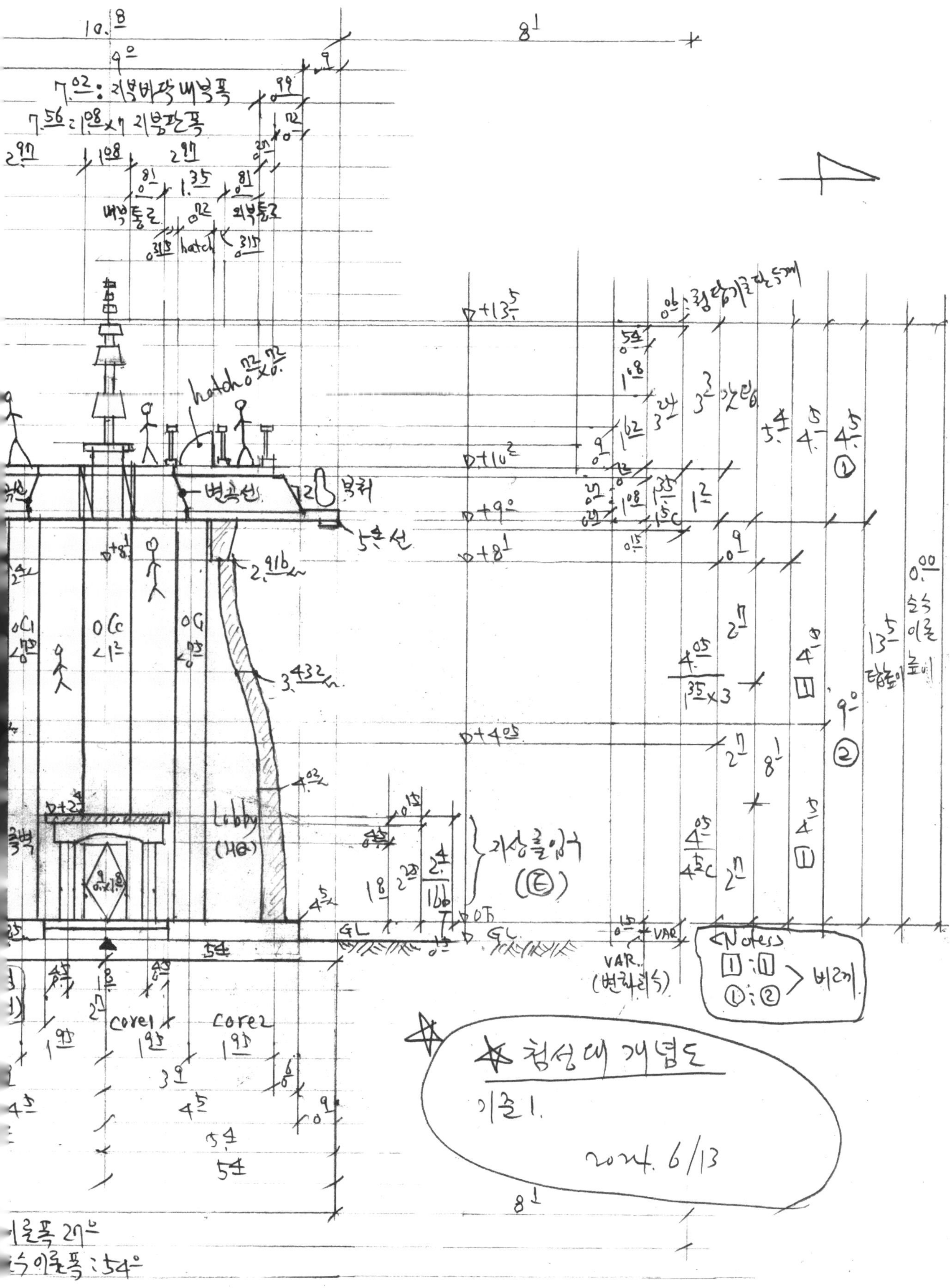

7.02 : 외부바닥 내부폭
7.56 = 1.08 x 7 외부판폭
내부통로
외부통로
hatch
변곡선
부재
5초선
Lobby
(내부)
지상출입구
(E)
GL
VAR
VAR. (변화치수)
<Notes>
1 : 1
① : ② > 비례
0.06 : 정자기둥 판 두께
core1
core2
첨성대 개념도
2024. 6/13

9층 조각탑(옥룡암 바위)

[Notes] 아주 희미하니 돋보기로 보셔야 할 듯! blog에 엄청 선명한 사진이 있었는데 최근에는 보이질 않네요.

**1.** 2관측소 바닥판
- 약간 하얗게 보임.

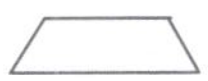

**2.** 1관측소 바닥판
- 좌측이 약간 희미함.

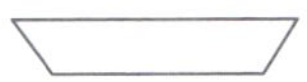

**3.** 날개기둥
- 1관측소 바닥판 바로 밑. 수직이 아니라 상부가 약간 벌어짐.

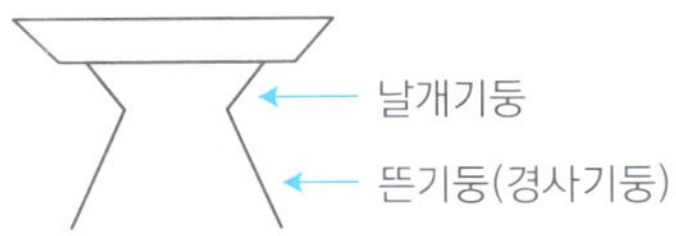